大数据应用研究

张伟　高杨　冯健 ◆ 著

四川大学出版社
SICHUAN UNIVERSITY PRESS

U0456663

图书在版编目（CIP）数据

大数据应用研究 / 张伟，高杨，冯健著 . — 成都：
四川大学出版社，2023.10
ISBN 978-7-5690-6389-9

Ⅰ．①大… Ⅱ．①张… ②高… ③冯… Ⅲ．①数据处
理—研究 Ⅳ．① TP274

中国国家版本馆 CIP 数据核字（2023）第 185166 号

书　　名：大数据应用研究
　　　　　Dashuju Yingyong Yanjiu
著　　者：张 伟 高 杨 冯 健

选题策划：梁　平
责任编辑：梁　平
责任校对：李　梅
装帧设计：裴菊红
责任印制：王　炜

出版发行：四川大学出版社有限责任公司
　　　　　地址：成都市一环路南一段 24 号（610065）
　　　　　电话：（028）85408311（发行部）、85400276（总编室）
　　　　　电子邮箱：scupress@vip.163.com
　　　　　网址：https://press.scu.edu.cn
印前制作：四川胜翔数码印务设计有限公司
印刷装订：四川盛图彩色印刷有限公司

成品尺寸：170 mm×240 mm
印　　张：7.75
字　　数：149 千字

版　　次：2023 年 10 月 第 1 版
印　　次：2023 年 10 月 第 1 次印刷
定　　价：45.00 元

扫码获取数字资源

本社图书如有印装质量问题，请联系发行部调换

四川大学出版社
微信公众号

前　　言

　　随着大数据技术飞速发展，大数据的应用已经融入各行各业。大数据产业正快速发展成为新一代信息技术和服务业态，可对数量巨大、来源分散、格式多样的数据进行采集、存储和关联分析，并从中发现新知识、创造新价值、提升新能力。目前，物联网、大数据技术以及云计算等各种新技术层出不穷，许多企业、政府及个人都开始主动利用大数据，充分挖掘大数据中符合自身需要的信息，大数据在无形中形成了一笔巨大的知识财富。

　　大数据和云计算作为当前信息技术行业两个热门技术，被广泛应用在各个行业。云计算因其计算能力强、存储容量大受到业界广泛关注和应用。大数据因其大量、速度快、多样性和价值高等特点而成为目前数据处理和研究的热点。在信息时代，多样化、复杂化的海量数据具有更为复杂的数据分析需求，并且需要更为高效的数据处理方式，使得大数据的研究与应用成为科技前沿的重要领域之一。

　　基于此，本书首先对大数据应用的理论及相关应用技术进行了简单介绍。其次讨论大数据在与我们生活息息相关的物流、农业、健康医疗、金融及智慧交通领域中的应用，同时对大数据应用系统的设计与实现做了介绍。在探讨大数据应用领域的基础上进一步体现大数据在当代社会中的应用价值，使人们对大数据及相关应用有一个较为系统的认识。希望本书可以为大数据的当前发展提供一定的应用参考。

著　者

目　　录

绪论

随着科技的发展和进步，我们逐渐进入大数据时代。目前，大数据应用在我国金融业、旅游业、物流业、农业、零售业、工业等不同领域得到广泛应用，带给人们生活和工作的便利。下面我们对大数据的相关概念与内涵进行分析和概述。

一、大数据的定义

数据（date）是事实或观察的结果，是对客观事物的逻辑归纳，是用于表示客观事物的未及加工的原始素材，表明客观存在事物的没有处理过的初始信息。对数据进行描述的方式有数字、语言、图片等。数据与信息之间是相互关联的，信息是数据的内涵，数据是信息的表现，数据经过加工后就变成了信息。保存数据需要占用一定的空间，并且保存需要一定的载体，如计算机。在计算机中，数据通过二进制数进行表达，也就是由 0 和 1 组成的一系列数字来表现数据。

大数据是互联网发展的时代产物，可以把它看作是各种资料的综合。因为涉及的信息太多，传统的软件不能有效地处理这些信息，因此，需要采用新的方法来进行分析。同时，常规软件对数据的采集、整理和分析也不能很好地完成，必须采用新的数据处理方法，以提高数据的处理质量和效率，并适时开发其特征，从而为管理者提供更好的决策依据。

大数据在经济发展过程中，可以为使用者提供更多的数据信息价值，特别是在金融方面。对于大数据来说，它不仅可以提供大量的数据信息，而且还可以进行相应的处理。

二、大数据的特点

2015 年，中国电子技术标准化研究院编纂并发布了《大数据标准化白皮书 V2.0》。白皮书给出了对大数据特征的阐述，即"具有数量巨大、来源多样、生成极快、多变等特征，并且难以用传统数据体系结构有效处理包含大量数据集的数据"[①]。书中对大数据特征的阐述得到了各领域学者的普遍认可。

关于大数据的特征研究，2001 年 Meta 集团提出大数据具有 3V 特征，后续又增加到 4V。之后，IBM 公司扩充了大数据特征，将 4V 扩展到 5V，主要包括以下几个特点：一是大量化，指数据的数量庞大。整体数据存储容量单位从过去的 GB 到 TB，再到现在的 PB（1PB＝1000TB）、EB（1EB＝1000PB）。今天，人类社会已进入了数据爆炸时代，每时每刻都在产生数以千万计的数据。二是多样化，指数据种类和来源多样。大数据主要包括结构化、半结构化和非结构化三类数据，其中非结构数据慢慢成为主要的数据。三是价值化，指对数据进行相关性、可预测和深度复杂的分析所产生的应用以及带来的巨大价值。四是真实性，指数据的有效性和可信赖度高。大数据技术能够辨别数据的真伪，从而去伪存真，提高数据质量，保证数据的真实性。五是快速化，指获取、处理数据更快速。由于计算机技术、物联网技术等现代通信技术的快速发展及成熟，数据的获取越来越容易，且其具有实时、多进程等特点。

拥有大数据不是最终的目标，通过数据处理、数据分析让数据服务于社会，才是大数据的终极目标。如何有效利用大数据让政府决策精准有效、实现行业突破创新转型，这就需要考虑大数据的鲜活性，即数据的时效性和动态性特征。因此，有学者在现在流行的大数据 5V 特征模型的基础上，增加了 2D 特征，即 Deadline（时效性）和 Dynamic（动态性）[②]。大数据的 5V＋2D 特征模型如图 0-1 所示。

---

① 中国电子技术标准化研究院：《大数据标准化白皮书 V2.0》，http：//www.cesi.cn/201612/1692.html。
② 陶水龙：《大数据特征的分析研究》，《中国档案》，2017 年第 12 期，第 58~59 页。

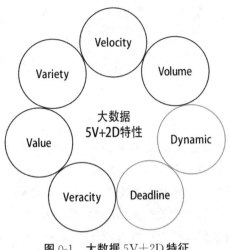

图 0-1　大数据 5V＋2D 特征

（一）数据量庞大

大数据的大量化（Volume），体现为庞大的数据数量。在大数据思维下，收集数据的途径主要有互联网收集、数据库复制、数据采购和移动终端上传等。收集数据的方法较以往有三个特点：一是利用总体思维，尽可能多地收集全部样本的数据。过去，由于收集、管理、分析数据的工具和技术有限，为了让分析结果能更准确地代表整体，我们常采用抽样的方式收集数据，如随机抽样、系统抽样、分层抽样等。抽样结果的有效性更在于抽样的随机性，与抽样样本的数量相关不大。而大数据先进的技术能实现对全部数据的分析，这要求我们在收集数据时横向越全面越好，样本数量要有保证。二是利用相关思维，尽可能地广泛收集与样本相关的数据。当前数据分析已从因果关系分析慢慢倾向于相关性分析，且很多看似没有关系的数据也可能存在潜在的相关性，这要求我们在收集数据时纵向越丰富越好，相关的以及看似不相关的都要收集。三是利用容错思维，放宽容错标准。以往，在收集数据时，由于样本数量有限，容错标准低，所以对数据的正确性要求很高，稍有不慎，可能会影响整个分析结果。而大数据技术能够识别并处理个别错误数据，很好地规避个别错误数据所带来的影响，容错标准高。适当地放宽容错标准，接受数据的不精确，能够在宏观上更好地认识事物的规律。

（二）数据类型多样

大数据的多样化（Variety），表现为数据种类和数据来源的多样化。大数据多种多样，包括结构化数据，如文字、数字和符号等；半结构化数据，如XML、HTML文档等；非结构化数据，如图片、音频和视频等。大数据的来源各式各样，主要有互联网以及线上金融数据、社交平台数据和传感器数据等。

（三）蕴藏价值大

大数据的价值化（Value），彰显为相关性和可预测性两方面的巨大价值。在当今信息更新和环境变迁快速的背景下，"是什么"的重要性远远超过了"为什么"。大数据分析更注重相关性分析而非因果关系分析。在大数据时代，分析数据时更关注数据与"相关"数据的关联，"相关"数据包括看似相关的数据和看似不相关的数据，从中挖掘有价值的信息。大数据分析不仅可以了解过去和现在，还可以预估未来的发展趋势，预测某件事发生的概率，以帮助我们制定科学、准确的政策。

（四）数据客观真实

大数据的真实性（Veracity），展现在数据的准确性上，包括输入数据的准确性和生成知识的准确性。输入数据要准确无误，这是大数据真实性的基础；生成知识要确切可靠，这是大数据真实性的保障。大数据的工作流程大致分四步：数据收集、数据处理、知识生成和数据存储。其中，数据处理的第一步就是数据清理，将海量原始数据中的缺失值、噪声以及人工失误所导致的异常数据等进行清理，以获得高质量的数据。在此基础上，通过数据挖掘和数据分析所生成的知识准确性和可信赖度高。

（五）快捷高效

大数据的快速化（Velocity），凸显为数据获取及数据处理的快速。在大数据技术下，系统在处理数据时能进行实时快速分析，增加了数据时效性；能进行非批量式快速分析，增加了数据针对性；还能进行多进程快速分析，增加了数据全面性。大数据的快速化，除了能快速处理数据，还能快速满足用户需求。

（六）数据时效较短

大数据的时效性（Deadline）主要体现为：提供"服务"的大数据需具有一定的鲜活性和时效性，几年前收集积累的历史数据不一定适用于现实状况，所以在利用数据时，需要考虑所选用数据应该在"保鲜期"内，只有挖掘使用在这个期限内的数据，才能创造最大的价值。

（七）数据实时变化更新

大数据的动态性（Dynamic）主要体现为：在全世界，每秒每分都在产生着数据，除了数据样式的多变外，数据是否具有保存价值也在动态变化当中，大数据中的每个数据元也对于动态过程中。人们借助计算机通过互联网进入大数据时代，充分体现了大数据是基于互联网的实时动态数据，而不是历史的、固定的或严格控制环境下产生的内容。数据资料随时随地都在产生，因此，不仅数据资料的收集具有动态性，而且数据的存储技术、数据处理技术也可以随时更新，即处理数据的工具也具有动态性。

大数据 5V+2D 的特征主要考虑两个因素：一是历史数据的不断增多会带来数据分析和挖掘成本的增加；二是由于数据价值密度的高低与数据总量的大小成反比，增多的数据对于提高分析的精确性的作用并不是很大。历史数据更多的作用是验证分析模型的准确性。所以，历史数据不是越多越好，有一定的历史数据就足够了，太多数据对分析的精确性的影响微乎其微。

三、大数据的类型

大数据的类型主要包括结构化数据、非结构化数据和半结构化数据三种，其中非结构化数据是数据的主要类型。

（一）结构化数据

数据资料可以被储存成一种固定的形式，被存取并被处理，被称作结构化数据。这些数据通过固定的格式进行存储，企业通过对存储的数据进行分析，以此来获取更大的利润。研究者还研发了多种先进技术从结构化数据中进行提取数据驱动的决策。

（二）非结构化数据

非结构化数据指的是所有以未知的形态或结构出现的数据。由于非结构化数据的来源以及类别很多，将其放在一起分析并提取数据驱动是一项非常困难的事情。

（三）半结构化数据

半结构化数据一般用表来定义，即在做一个信息系统设计时会涉及数据存储，一般会将系统信息保存在某个指定的关系数据库中。此时，将数据按业务分类，并设计相应的表，然后将对应的信息保存到相应的表中。但不是系统中所有信息都可以这样简单地用一个表中的字段就能对应。

随着互联网用户数量的不断增加，互联网用户与互联网接触产生的数据也在增加。例如，我们使用的各种社交网络平台、购物网络平台和观看视频网络平台都可以成为数据生成的来源。总的来说，信息技术的飞速发展促进了数据的爆炸式增长。广泛的数据源产生了各种类型的大数据，除了各种数字、字母和符号外，还包括图片、音频和视频。所有人类生产都是为了服务于人类和社会本身，大数据也是如此。人类社会是不断变化和发展的，数据处理的速度也应不断加快。在金融、互联网等领域，数据处理的效率就是企业的生命。因此，应不断提高数据的相关性能，以便及时、快速地满足人类发展的需要。原始数据本身是混乱的，有价值的数据和无价值的数据混合在一起，且无价值的数据占了很大部分。以视频分析为例，一个约 1 小时的视频，可能只能从中获取 1～2 秒的有价值的数据。此外，在数据分析和获取有价值数据的过程中，会产生更多无价值的数据信息，使大数据呈现出低值密度的特点。

综上所述可以发现，大数据就是一个海量的数据集合，其基本特征就是大，数据量极其大，数据流动速度快，人工无法完成数据统计，必须依靠计算机技术进行分析计算，同时分析大数据可以得出更加客观的结论。大数据以其独有的数据优势，发挥着巨大的作用，而这些作用正是大数据盛行的原因。

第一章 大数据在物流领域的应用

在物流行业发展规模不断扩大的形势下，物流行业需要处理的数据量越来越大，如果大量的数据不能得到及时有效的处理，则会严重影响物流管理效率。在此背景下，大数据技术逐渐应用到物流领域，从而形成了智慧物流模式。采用大数据技术，能够对物流管理过程中产生的大量数据进行快速管理；对物流数据的挖掘与分析，能够为智慧物流管理模式优化提供支持；利用数据分析获取的信息，能够对物流配送模式等进行优化，从而提升物流管理效率与质量。

第一节 物流概述

一、物流的定义

物流是指在将物品从供应地向接收地的实体流动过程中，根据客户实际需要，将运输、存储、装卸、搬运、包装、流通加工、配送、信息处理等基本功能有机结合的全过程。物流活动需要解决的问题是如何在实物存量最小的基础上，通过管理和操作最大限度地令消费者满意和满足经济活动。将这一问题放到企业中去就是企业如何管理从销售、生产到采购这整个过程的物流系统。

物流是保证经济成果相互流通的重要元素，物流发展的水平将会直接决定不同区域的经济发展现状，同时也是我国国民经济发展的重要体现之一。虽然我国物流行业发展时间较短，但是其发展速度快，这无疑加快了我国的经济发展。

二、物流的发展特点

我国物流行业的发展所获得的成绩较为显著，在我国东部地区已经形成了四大物流圈格局，这四大物流圈对于我国物流行业的发展具有良好的促进作用。在这四大物流圈的带动下，我国中部与西部地区的物流行业也处于持续发展阶段。如今我国物流通道更为多元化，其发展格局也呈现出一轴一面的状态，但由于受到经济因素和地理环境影响，目前物流行业布局仍存在诸多问题。首先，在东部地区，由于经济发展较为快速，各项物流基础设施较为完善，因此物流行业发展较为迅速，其服务水平也较高。目前，我国东部地区已经逐渐实现物流现代化发展体系，而中部与西部地区由于多种因素影响，其发展水平较低，管理、服务等方面难度较大。这就导致各区域之间的物流发展差距较大，影响了商品流通规模，各区域之间物流合作难度较大。其次，我国南北区域的经济基础差距较大，区域经济发展水平将会在很大程度上制约不同区域的物流经济活动。最后，城乡物流之间发展也存在不平衡状态。虽然目前各项农村政策也应运而生，但是在以往的经济发展过程中，政府经济发展重心仍集中在中心城市，城乡经济收入差距过大，也导致城乡之间的基础设施出现不均衡情况。

由于我国国情比较特殊，各区域的物流发展差距较大，经济成果也呈现出不平衡的状态。但物流作为我国经济增长的重要因素，随着我国国民经济的快速提升，物流发展必将会趋向于平衡。如今在制定各项经济政策时更加倾向于西部及农村地区，如西部大开发战略、扩大内需政策，在政策的推动下西部及农村地区的物流发展水平必将会持续上升，为我国物流行业发展带来全新的机遇。就目前而言，各项基础建设在如火如荼地进行，尤其是交通运输工程，如西部铁路网，如今大部分西部铁路线路已经与东部线路主干道相连接，并且辐射西部各二线城市。铁路会成为中西部物流交汇的重要通道，为我国区域经济和谐、统一发展提供强大支撑。

三、物流的仓储和配送模式

（一）自营仓储与配送模式

自营仓储与配送模式，即企业、商家或个体户自己建立仓库，并自主提供物流业务。换句话说，就是企业自主经营仓储、配送体系。其业务由企业自己承担，物流体系活动也由企业自行管理。一般采用这种模式的用户"两极分化"较为明显。一是小商贩、个体户或者农户。他们根据自己的实际情况，建立规模小、简单的仓库进行物品贮藏，销售时自己从仓储拿物品配送到消费者手中。这在一定程度上减少了中间环节的时间浪费和开支。因其主要是以自营跟家庭配送模式为主，成本相对较低，灵活性较大。但同时也存在着信息不对称、专业知识和经验不足、物流规划不合理、成本忽视、市场竞争力和抗风险能力弱等问题。二是具有一定规模的电商企业或专业的物流企业。它们能够根据自身的实力，自行建设物流仓储，投资物流运输设备，同时独立完成仓储、物流、配送等整个物流过程。其业务针对性强、速度快，专业程度高，而且可以提升消费者的购物体验感。配送业务相对较为灵活，物流配送信息把控程度高，信息追溯和消费者相关情况分析性强。但其对大数据依赖性高，前期投入大，运营成本高等。

（二）第三方物流仓储与配送模式

第三方物流仓储与配送模式，指企业、部门、地方政府等将物流过程中的全部或部分物流运作任务外包给专业公司，即第三方物流企业来执行，企业只提供物品，物品的仓储和配送等环节均由外包企业提供。其主要优点在于：体现了物流配送的专业化。相对而言，第三方物流企业设备比较齐全，配套设施较为完善，且物流作业经验丰富、专业性强、服务范围广，在效率、成本上优势较为明显。对于外地客户而言，大多喜欢选择那些信誉较好的第三方物流企业进行合作，这在一定程度上规避了物流途中的风险，而且在价格和质量上能有更可靠的保障。缺点在于：一是第三方物流企业业务针对性不强，时效性相对较差。由于第三方物流企业面向的是很多行业的物品物流作业，不可能单独为某个企业、部门或者某个产品制定物流仓储配送方案。二是由于供货企业将物流业务，包括仓储、打包、运输配送等作业都交给了第三方物流企业完成，使得发包企业对物品掌握情况不多，比如说市场反响、客户具体分布情况等相关信息，不利于发包企业的长远、快速发展。

（三）协同仓储、配送模式

协同仓储、配送模式又叫共同配送模式，是指多个供货企业、部门或商家共同选择同一个物流企业来完成其产品所需的仓储、配送等物流作业。换句话说，就是多个商家以共享资源、共担成本的方式通过物流各个环节的规模化来降低自身的物流成本，提高物流资源的利用率。第三方物流企业在共享的多个企业中起着统一规划、协调、调度的作用。其主要有两种体现形式：一种是由一个物流企业对多家用户的物品开展物流作业，即由一个物流企业综合该地区多个企业的要求，对其物品进行统筹、规划，然后统一进行配送。另一种是指多家供货企业仅在送货环节上将各自的货物混载在同一辆车上，然后这辆车按照供货企业各自的要求分别将货物运送到各个接货点上。其优点在于：提高运输车辆的货物满载率，分摊使得物流成本低。其缺点在于：由于是多家供货企业共享物流作业，如果其中某一家或者几家供货企业出现不配合或者其他问题，就会影响整个物流仓储、配送工作的开展，从而影响其他供货企业的正常物流，也影响消费者对物流企业和其他供货企业的信任度。

（四）绿色通道物流仓储与配送模式

"绿色通道"是 1995 年国务院、公安部、交通部、纠风办为保障城市蔬菜供给和落实国务院提出的"菜篮子工程"而组织建设的专门针对农产品的一条仓储、运输通道。农产品"绿色通道"的建设，大力推进了生鲜农产品市场的快速发展。其优点在于：专一性、时效性明显。因其本身是为更好地发展鲜活农产品市场而建立，所以在农产品物流各个环节的设备先进性、人才专业性、业务针对性等方面优势比较明显。其缺点在于：灵活性不强，由于受地方经济和交通情况等外界因素影响，不同地方发展程度不一样。

从前面分析可以看出，市面上现存的四种仓储、配送模式都有着不同的优点，同时也都存在不同程度的缺点。四种模式优缺点对比见表 1-1。

表 1-1　四种仓储、配送模式优缺点对比

	优点	缺点	适用性
自营仓储与配送模式	运输成本低，灵活性大	一次性投入成本高，专业技术要求不高，市场竞争力小	适合规模大、品种多、大批量且对物流要求较高的产品
第三方物流仓储与配送模式	专业技术强，市场信息量大	对物流企业依赖程度高；针对性不强，时效性差；不利建立长期客户关系；不利于客户信息的保护	适合种类少且小批量产品，或者是大批量但客户较为分散的产品
协同仓储、配送模式	物流成本低，运输设备使用率高	外界因素影响大	适合对及时性要求不高的产品
绿色通道物流仓储与配送模式	专业性强，成本投入少	灵活性小	适合大批量、大规模且对运输专业性、时间性要求较高的产品

第二节 大数据在物流领域的具体应用

在这个信息爆炸的时代，物流企业每天都会接触大量的数据。例如，在物流方案的制定、物流中心的科学选址、货物的仓储与配送以及市场策略等方面，每个环节信息量都十分巨大。与此同时，电子商务的广泛应用和大数据技术的快速发展，也对现代物流业提出了更高的要求，我国现代物流企业要想在激烈的市场竞争中取胜，就必须采用新技术、新流程和新理念将大数据、物联网等技术应用到物流管理的各个环节，实现物流各环节的协同和智慧物流管理，从而更好地降低物流成本，提高服务水平，把握物流行业发展的新趋势。

一、大数据在物流配送与物流中心选址中的应用

（一）物流配送

在物流配送过程中为了能够更好地协调物流的进行，通常会伴随物流信息的处理。物流配送不仅是将产品送到消费者手里，还存在配送效率这个关键问题，如何提高物流配送过程中的配送效率，如何更安全、更高效地将产品配送到消费者手里，一直都是物流配送的核心问题。

以农产品的物流运输为例。农产品包括果蔬、肉类、冷冻水产品等，在装卸搬运过程中，为了保证农产品的新鲜和品质，必须在一定程度上维持一定的低温环境。农产品的冷藏运输包括加工、仓储、运输和配送四大方面。农产品物流配送的相关企业要控制好每一个环节的风险，以减少货品从生产到销售的中间环节的生鲜度损失。另外，不同类型的农产品要求运输时冷藏车辆内的温度状态不同，见表 2-2。

表 2-2 农产品在运输中的储藏温度

运输中的储藏温度要求（℃）	运输环境类型	运输产品类型
（−30，−18）	冷冻区	肉类、水产品等
（−5，5）	冷藏区	奶制品、速冻水果、冷冻糕点等
（5，10）	恒温区	新鲜瓜果蔬菜等

根据表 2-2，农产品按运输时要求的温度分为 3 类：冷冻区在运输过程中要求储藏温度低于 -18℃，冷冻区农产品主要包括冷冻肉类、鲜肉、水产品等；冷藏区在运输过程中要求储藏温度低于 5℃，冷藏区农产品主要包括奶制品、速冻水果、冷冻糕点等；恒温区在运输过程中要求储藏温度低于 10℃，恒温区农产品主要包括新鲜瓜果蔬菜等。

农产品在运输过程中生鲜度在一定程度上会有所衰减，对运输环境要求很高，因此农产品物流的配送流程十分复杂。农产品的物流特点主要包括以下几个方面：

第一，供应链条短而宽。农产品从生产到送达客户手中，整个供应链参与者越多，其生鲜度损失越严重。由于农产品保质期较短，为了迎合客户对农产品生鲜度的需求，农产品物流配送企业要求尽可能减少农产品在整条供应链和运输环节的交易次数，整个环节所涉及的物流链越短，越能够降低农产品的生鲜度损失。

第二，运输时效性强。不同类型的农产品保质期和对运输时间的把控程度也不尽相同，生鲜农产品因为其不容易保存的特性，容易面临腐烂变质的风险。因此，其配送环境标准较高，也提高了生鲜农产品在储存、包装和装卸等各环节的要求，目的是减少因为配送而造成的产品的腐烂变质。同时，运输时间的长短也是衡量农产品物流配送企业的运营服务的重要指标之一，是物流配送企业保持竞争力的关键。

第三，运输过程复杂。农产品物流在运输过程中必须依循 3T 准则：农产品送达客户手中时质量的好坏主要受运输途中的温度（temperature）、耐贮存性（tolerance）和整个环节的流通时间（time）影响。物流企业如果想保证农产品的生鲜度，需要根据不同类型农产品的耐贮存性，把控好运输途中的温度和流通时间。人们在日常生活中是离不开生鲜农产品的，这就要求企业必须对人们的日常需求进行迅速、及时的反应，在一定程度上提高了物流配送的难度。

第四，供应链整体的协同性。农产品本身的特殊性，需要农产品物流配送企业构建完整的供应链信息系统，使得供应商、物流企业和客户点之间需求信息共享，确保农产品在整个物流环节的高效流通。

（二）物流配送中心选址与优化

1. 大数据与运输配送的优化

大数据的应用可对物流运输配送流程进行优化。首先可对运输路径进行优化，将收集到的消费者位置分布、需求时间以及购买情况等信息进行分析，并整理车辆运输能力和道路拥挤情况等因素，从而构建出多种运输方案。可针对时间、成本等内容来规划科学合理的运输路径以及选择运输车辆。其次可对配送效率进行提升。车辆在进行配送的过程中，需要使用大数据交互能力对车辆位置、天气情况、平均车速、油耗以及路线畅通状况进行分析，及时对行车路线进行优化，合理调配车辆，从而预防因恶劣天气导致的物流阻塞问题。再次可对运输成本进行优化，主要对合理的运输路径进行选择，并研究对运输成本造成影响的因素，从而对其进行优化。最后可对运输安全性进行提升，掌握车辆运行状态，包含物品的挤压度、车辆速度、压强、湿度以及温度等情况，及时发现安全隐患，减少人员财产的损失；同时还应提前预防运输过程中的其他安全隐患，避免极端情况的发生。

2. 配送中心选址大数据分析

在对配送中心选址问题进行研究的过程中，起决定性作用的主要包括配送中心建设成本、物流运输成本以及分拨中心需求量三个因素。因此，可研究以上三个因素与大交互数据、大感知数据以及大交易数据之间的关系。对于大交易数据来说，首先是行业内的大交易数据，如物流流通加工作业量、装卸搬运、包装以及运输等指标，这些数据信息对于物流分拨中心的需求量来说具有一定的强相关联系，可使用趋势拟合法、因果分析法以及时间序列分析法等方式对各个分拨中心的需求量进行预测。其次是派生行业大交易数据，其他行业的派生需求也可看作物流需求，与物料市场、消费品生产以及工业生产等领域具有一定联系，因此可使用日用品行业、医学、工业以及农业等产业的物料存储、加工和生产数据进行分析。大感知数据技术可对运输成本造成较大影响，对于传统的物流运输来说，对其运输成本造成影响的因素有配送能力、配送时间以及地理距离等。而在实际的运输过程中预测距离与实际经过路径存在偏差，而感知设备的使用可对货物运输时长、货物周转轨迹以及配送轨迹等信息进行精准反映，从而对物流运输成本进行计算。

二、大数据在物流仓储中的应用

利用大数据的数据挖掘技术能在很大程度上弥补现阶段物流仓储系统中的不足，解决仓库之间调货转运环节产生的问题。例如，在大多数情况下，只有在缺货时，仓库管理部门才通知其他仓库往自己的仓库调货，这样客户等待货物配送的时间就会增加。可见，在物流仓储环节，合理地安排商品的存储位置和数量，对仓库的利用率、搬运分拣的效率以及顾客的购物体验都有重大意义。此外，利用大数据的信息预测和分析技术，对仓库的存货量进行统计，对调货补货的市场进行预测分析，在最精准的时间系统自动进行补货处理，有利于减少客户的等待时间，提升用户体验的满意度。同时，还能在很大程度上减少仓库存储的成本，实现零库存，使仓库的存储成本降到最低。综上所述，利用大数据技术有利于实现物流信息系统的一体化和协同，从而使物流系统能够更加智能地帮助物流企业解决物流管理问题，实现精确化、可视化的智慧物流协同与管理。

例如，在生鲜仓储及配送环节引入大数据技术具有重要的意义，主要表现在以下方面。其一，大数据技术在物流领域中的应用可以降低生鲜仓储和配送成本，提高物品供应的速度。由于生鲜产品对时间、新鲜程度要求高，将大数据技术引入其中能够降低商品积压在仓库所占据的成本，从而实现企业经济效益提升。其二，做出科学决策。在生鲜供应链中，仓储管理和配送管理都涉及运筹和决策问题，如配送路线选择、仓库库存量和采购等。大数据技术则可以很好地对这些信息进行收集与分析，然后从中找到有价值的信息，为生鲜仓储和配送决策提供可靠的数据支持，避免出现决策错误的情况，影响实际的物流服务质量。其三，大数据技术应用改变了传统的产品供应模式，实现了仓储及配送的信息化和自动化管理。这样就给产业发展带来促进作用，实现了产业升级与转型。

（一）仓储运作管理优化

将大数据技术引入生鲜仓储运作管理中，可以实现仓储运作管理优化，具体表现有以下几个方面。在拣货方面，可以利用大数据技术优化拣货路线。在仓库系统中，需要对订单产品信息和库存中产品信息进行全面了解，然后根据这些技术找到有价值的信息，利用大数据技术找到最佳的拣货路线。通过这种方式可以提升拣货的效率，减少企业在人工方面的成本支出。同时借助大数据技术构建一个完善的仓储质量监控系统。通过该系统，仓库的温度将会得到实时监控，有效避免温度过低或者过高的情况出现，极大地保证生鲜产品的质量。在这个过程中也可以对一些保质期比较短的商品进行监控，借助系统监控来减少人力投入。在生鲜产品入库时，仓库管理人员可以利用大数据技术了解现在仓库产品的信息，找到其中有空缺的位置，然后根据这些信息制定最佳的搬运路线，避免出现路线过长而降低效率的情况。总而言之，大数据技术不仅可以极大地提升产品出入库的速度，也可以保证出入库精准度，实现仓储运作优化，极大地降低仓储运作成本，实现企业经济效益提升。

（二）库存控制

库存控制本质是一个利用大数据技术做决策的过程，通过挖掘上下游数据，分析其中所蕴含的信息，然后根据这些信息做好消费者需求预测。将大数据技术引入其中，可以实现消费者需求准确预测，从而达到零库存控制目的。所谓的零库存，就是保证产品库存数量刚好满足消费者需求。

第三节　大数据在物流领域的应用困境

我国物流领域通过运用大数据相关技术，结合科学的管理技术提升物流效率，降低生产成本，从而提高经济效益。此外，我国部分城市已逐步建立以互联网为中心，以大数据作为后台的物联网生态圈。通过物联网的形式积极地将物流管理的各个部分有效地结合起来，不断地促进物流信息一体化。随着全球一体化的发展，加上网络和信息技术在社会的普及，电子商务也得到了广泛应用与发展，电子商务和物流行业的融合使物流在现代生活中的作用和意义变得更加重大。

虽然我国现代物流领域的发展已经取得了一定的成效，但由于起步较晚，现阶段还存在一些问题。

一、物流运作管理的协同程度有待提高

受观念、技术、管理等诸多因素的制约，在物流运作管理中的信息技术和信息系统利用率不高，导致物流业信息处理不及时、数据不一致等问题的出现。物流运作管理的协同程度较低，一旦遇到销售淡季或旺季，就会出现库存挤压或缺货的问题，给整个物流系统带来影响。电子商务的普及，使我国现代物流业的竞争日益激烈，物流企业能否在物流运作管理中实现各环节的信息共享，达到整个物流运作管理的协同，已成为物流企业能否发展状大的关键因素。

从目前民营物流企业的发展状况看，物流运作效率较低是一个亟待解决的问题。其主要是由多方面因素造成的，既有外部人工成本上升，也有内部成本

管理失衡。物流管理的总费用持续走高是阻碍物流企业发展壮大的根本原因。物流低成本是决定物流企业能够实现长期稳定可持续发展的关键点。因此，对于物流企业而言，必须采取有效的措施来优化整个物流管理体系，从而提高物流运作效率。

二、物流中心选址与配送缺乏科学依据

在过去一段时间内，我国物流中心的选址在有很大程度上由工作人员依靠经验进行判断，缺乏科学依据。由于缺少对业务数据的分析和配送路线的优化，在物流配送方面容易造成配送线路不合理、耗用不必要的资源、配送准确率较差、延迟配送等问题，从而导致物流配送成本较高，无法满足电子商务时代对低成本和精准配送的要求。

线路优化是物流管理的重点内容，必须选择最优的运送线路，从而减少运输工具的行驶里程，才能够达到降低成本、减少车辆损耗的目的。然而，从当前我国很多物流企业的内部管理来看，物流线路优化不到位的现象十分常见。零星配送货品的运输线路较为单一，物流配货的区域较大，配送的范围大体都以县内区域为主，很少实现跨区配送。另外，在物流配送线路的制定上缺乏一定的科学依据，基本上都是凭感觉来设置路线。因此容易出现车辆空载、线路迂回等情况。

三、物流仓储技术不成熟

在互联网大数据时代，我国现代物流业缺乏具备大数据和信息处理能力的人才，能够熟练应用大数据技术对物流仓储情况进行分析和管理的技术人员较少，大部分仓储工作由仓库管理员对库存进行人工管理和作业。由于对用户需求缺乏科学合理的预测，导致对于调货、补货等紧急事件的处理不够灵活，从而造成客户购物时等待时间较长，配送效率较低，配送质量不高。

尽管我国近几年来的物流行业发展呈现稳步上升的趋势，但在当前的大数据背景下，物流行业的发展以及管理中存在的问题是缺乏一定的物流专业人才。一方面，我国高校虽然设置了相关的物流专业，但并没有从物流行业发展的整体来统筹考虑，导致培养出来的人才仅仅掌握一定的理论知识，而对于与物流相关的内容如计算机应用等并不熟悉，这不利于全能型物流专业人才的培养。另一方面，重视生产与销售，忽视其他领域员工的培养是当前很多民营企

业人才管理当中的弊端。物流行业的员工培训内容主要是仓储、配送、装卸等，很少有关于物流管理及相关信息科学技术的培训。

四、物流信息化技术管理落后

信息化技术管理落后是当前很多物流企业管理中的缺陷，其主要表现为以下几点。

其一，很多民营企业未能意识到物流管理信息系统的重要性。因此，其自身内部便没有建立起物流管理信息系统来为企业发展服务，归根结底是物流企业对自身的发展还未建立起长远的规划。另外，部分民营企业已经建立物流管理信息系统，但由于自身对信息化管理较为滞后，造成该系统还不能为企业提供较优的服务。

其二，由于物流企业本身的特殊性，很多内部的管理必须手工操作。例如，仓库库存商品、产成品等的装卸、出入库、分拣，只能够依靠人工来进行，这部分工作是目前物流管理系统无法代替的，两者必须相互配合才能完成。

其三，由于物流企业对于市场的调研不够深入，造成物流管理系统数据分析精准度不高，这不利于物流信息系统效率的提高。

其四，由于缺乏大数据等信息处理技术和信息系统的支持，一些物流企业的决策者难以对消费者产生的大量消费数据进行分析，易受思维定式的影响，难以有效把握行业发展的新趋势，错失投资机会，阻碍了物流的发展。

第四节　大数据在物流领域的应用对策

一、提升仓储系统效率

（一）降低整体运营成本

技术对企业来说至关重要，企业只有拥有核心技术才能够长远发展，虽然技术的研究和应用成本很高，但大数据等技术的应用可以给仓储基地带来众多好处，从长远来说利大于弊，所以不能缩减技术资金的投入。仓储基地可以通过先进技术和设备的运用，来提高仓储运作效率，加速货物的流通，减少维护保管时间，从而降低在库储存成本。

（二）优化仓库并合理布局

合理的仓库规划及布局对降低仓储成本、提高仓库利用率及仓储效率至关重要。物流基地应该更加合理地安排货物仓储，按照货物性质规划分区并按出入库频率合理摆放货物，将作业频率较高的货物安排到离出口较近的地方，或将相关商品临近摆放，以达到减少作业量以及保证货物先进先出的目的。也可设置入库中转区用于临时存储货物，避免系统分配任务定位到原来存放中转货物的储位，给后续入库带来麻烦。此外，可以充分使用高层货架、悬臂货架、自动立体货架等不同类别的货架，最大限度地存储货物。

合理的仓储分区和合适的仓位对于合理利用仓库、降低仓储成本以及减少装卸搬运次数而言都至关重要。对物流企业仓储系统来说，该仓库进出货的规律在一段时间内不会有较大变动，这意味着某些货品在某一段时间内经常进出库。相反，某些货品在某一段时间内仅仅为了维持仓储水平而进出库的频次较低。在这种情况下，完全可以将经常进出库的货品放置于距离拣货车最近的地方，出库频次低的货品放置于距离出口相对较远的区域。但是这种进出货的规律并不是一成不变的，而是随着地区客户的迁移、季节的变化、政府政策等因素的作用发生改变。因此，物流企业可利用大数据技术对历史出入库信息、外部因素等多种数据信息进行统计分析，运用人工神经网络、决策树、聚类分析等对数据进行挖掘，对未来即将出库的货品类型及数量进行趋势预测，为帮助仓储管理人员及时调整仓储分区、货位分布，保证物流效率的最大化提供信息支持。

（三）运用大数据技术优化拣选小车行车路线

拣选小车通常根据接收终端上的拣货清单拣货，其拣货路线往往由程序直接控制，缺少优化策略导致其工作效率不高。可利用大数据技术对多种综合信息如仓库拣货车的位置、实时运力等进行耦合分析，同时考虑货品特性对取货时间的影响、实时订单需求，利用遗传算法、蚁群算法对数据进行分析，优化拣选车的行车路径以保证拣货效率。

（四）运用大数据技术优化仓储库存量

大部分产品有其自身的生命周期，同样市场也会有其自身的生命周期。随着产品生命周期曲线的推移，市场需求也会出现相应的变化，产品销售情况也会因此而产生较大的波动。传统物流企业通常依据市场调研、走访客户和结合自身经验判断等分析确定库存量，但这样的预测不仅耗时较长，而且不够准确，容易滞后，会在一定程度上影响物流企业的仓储库存成本。大数据技术可很好地克服这一弊端。大数据技术能够及时搜集物流信息并对其进行处理分析，准确把握产品及市场的生命周期，了解客户意愿，预测未来的产品需求，帮助物流企业优化仓储库存，合理进行订货。

二、创新物流服务模式

大数据背景下要进一步深入市场，结合先进技术完成物流服务模式的创新。

（一）基于竞争创新

大数据物流服务与传统物流服务之间有着本质的差别，在物流服务中需要智能化技术、设施设备，还要掌握大数据采集、分析、处理能力，基于大数据为客户提供物流云服务。因此，在创新过程中，物流企业可以结合发展需求以及创新目标，借鉴行业内同类型标杆企业的物流服务模式创新经验，对物流服务产品与过程进行完善、优化。此类基于竞争展开的跟随式创新既可以借鉴成功经验、吸取前人教训，也可以根据市场的反映情况，在研发中付出更多的精力，并实现精准投入，将更符合客户需求的物流服务产品带入市场。

以天猫物流服务模式的创新为例，目前阿里巴巴天猫平台仍为第三方物流服务模式，但与以往相比，物流配送更加高效，其汲取了京东自建自营物流模式的经验，与顺丰等第三方物流企业进行合作，在每年大型电商活动时，平台对销售大数据进行预测，客户下单之前商家就可以完成货物调配，提前下沉至离客户最近的物流网点，从而实现单未下、货先到，客户下单后可以直接就近配送，大幅提高配送效率，缩短平台的履约周期。其流程如图 1-1 所示。

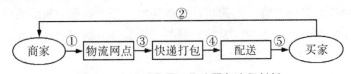

图 1-1　大数据背景下物流服务流程创新

（二）基于顾客需求创新

大数据背景下，物流服务中将面对越来越多的个性化需求，面对客户需求的差异性，需要对服务模式展开有针对性的创新。从物流企业发展内外部形势来讲，一方面应借助自身具备的数据优势，立足行业特点、模块特征完成物流服务产品开发，使物流服务做到专门化，如顺丰、菜鸟等企业，可以面向不同群体、不同产业提供不同的物流服务产品；另一方面要依托客户与市场，发挥客户的主观能动性，在物流服务模式创新过程中提供更具建设性以及创造力的想法，提升终端用户体验，提高物流服务效率与质量，完成物流商业模式创新，在竞争激烈的物流领域内获得一席之地。

（三）物流技术创新

大数据背景下物流企业的服务模式创新始终离不开高端技术的支持，因此，创新物流技术也是不可忽视的环节，利用技术优势避免竞争对手跟随模仿，提高服务的核心竞争力。具体来讲，创新物流技术可以从两方面出发，即物流技术本身与大数据技术。

物流技术本身的创新中，除了利用条形码、RFID 软件、GPS/GIS 软件外，还可以与物联网结合，更新智能硬件设施设备，更精准、高效地采集数据，为提高物流服务效率奠定坚实的数据基础。例如，融合物联网构建物流电子商务平台，通过物联网可以实时捕捉仓储中心人力资源、设施设备、订单、库存等多方面的情况。对采集的数据进行分析，以仓储最优化、人力分拣最优化为目标完成物流配送的前期基础服务；再实时识别物流运输过程中人与物的动态，将采集信息归集后，由平台进行精细的责任分配，最后保障物流服务全过程中物品与配送人员始终相匹配，从而使客户可以对物流全产业链进行跟踪。

大数据技术创新中，主要对捕捉技术、分析技术、处理技术、预测技术的应用进行创新。立足物联网、信息检索、营销数据、爬虫技术等，不断开发捕捉技术应用的新场景；在面对海量碎片化订单时，利用处理技术高效完成对数据的分类、存储、转移、实施等处理工作，为后续分析工作奠定良好基础；分析技术集成聚类分析、关联分析、时序与偏差等，应用分析技术可以深入挖掘大数据，寻找数据信息背后的关联；预测技术基于大数据分析结果以及数据挖掘情况，支持预测决策系统，为物流服务提供最佳方案。如菜鸟物流利用 E—MapReduce 为客户打造一站式大数据处理分析服务平台；顺丰分仓模拟当中利用遗传算法进行大数据分析，结合仓网布局、销售量预测等诸多因素合理设计每位客户的分仓方案，利用技术上的创新完成物流服务质量的提升以及模式的优化。

(四) 物流网络创新

在大数据技术支持下，物流网络的动态化以及柔性特征越发突出，大数据技术对供应链整体业务以及管理流程均进行了重构，使供应链关系网络得到创新，并联合建模技术、数据挖掘技术对物流企业管理流程进行优化与创新，大大提高了物流服务效率。以小米公司为例，在大数据技术的支持下重构供应链关系网络，以饥饿营销、线上数据完成对销售量的精准预测，并以此作为排产依据，基于实时系统与上游工厂、下游物流配送进行对接，且指定顺丰物流作为合作方，订单数据出仓后直接接入顺丰，利用电子运单简化纸质订单交接环节的诸多手续，也减少产品中转次数，可以实现实时提货。与其他仓储式电商企业相比，大数据技术为小米企业提供资源整合的技术基础，使供应链成员之间能够顺畅地进行信息传递与共享，且在坚实数据基础上构建可视化仪表盘与供应链流程图，实现了物流服务全过程中信息的高度透明，打造动态合作共享供应网络，满足大数据背景下物流服务中提出的新要求。

(五) 增值服务创新

大数据背景下物流企业具备数据优势，形成强有力的创新物流增值服务基础，客户数据、消费数据体现着客户需求与习惯，利用大数据分析技术可以在应用、咨询等方面提供更高质量的增值服务。例如，在菜鸟物流发展中，基于行业数据池，为客户提供最佳物流解决方案，并伴随提供物流增值组件、数据和安全组件等。

第二章　大数据在农业领域的应用

随着社会信息化进程的不断加快，我国农业技术应用也随之进入了信息大数据时代。当前，大数据技术在互联网经济浪潮中取得了丰硕成果，但在农业领域的应用还处于初始阶段。或许是因为农业领域的问题比较复杂，并且农业数据存在明显的多样性和异质性，这些因素就会导致大数据技术在农业领域的应用面临许多困难和挑战。下面就大数据技术在农业领域的应用展开论述。

第一节　农业大数据概述

一、农业大数据的定义

农业大数据是指运用大数据理念、技术和方法，解决农业或涉农领域数据的采集、存储、分析与应用等一系列问题，然后以此来指导农业生产经营。

农业大数据的特征可以简单概括为以下几个方面：一是从其领域来看，逐步拓展到相关上下游产业的同时，以农业领域为核心，将宏观经济背景的数据进行整合，包括统计精准数据、进出口数量数据、稳定价格数据、生产流量和数据，以及气象准确数据等。二是从地域方面来看，主要以我国范围内区域的数据为核心，进一步对国际农业数据进行借鉴并且作为有效参考。这个数据包括全国范围的数据、省市的数据和地市级的数据，这些数据都会为精准区域研究提供有效的参考。三是从力度来看，不仅包括较精准的数据统计，还包括一部分涉农经济主体的基本情况信息、投资融资信息、股东以及产权信息、专利享有信息、进出口数量信息、招牌信息、大众媒体信息、CIS 坐标信息等。四是从专业性来看，首先要构建并整合农业领域的专业数据资源，然后对专业的子领域数据资源进行有序的规划。

二、农业大数据的发展特点

(一) 获取农业大数据及时化

农业大数据是农业数字化的基础，数据范围包括农业中的气候环境数据、生物信息（营养、水分、叶片、根系等）及农业社会信息数据。农业数据的获取主要指通过传感器技术、RFID 技术、3S（GPS、RS、GIS）技术、人工标注及网络抓取等方式获取数据，环境数据主要利用温度、湿度、光照等传感器进行监测。生物信息数据主要利用人工监测结合设备检测。随着计算机视觉技术的发展，进行作物形状、颜色、纹理等特征的非接触式监测将成为生物信息数据监测的方向。融合 3S（GPS、RS、GIS）技术、航空监测技术及物联网技术的天空地监测系统在不远的未来将为获取更全面的农业大数据提供牢固的技术支撑。此外，农业大数据采集设备具有分散性特点，且往往因地形环境复杂性，传统的有线网络传输在农业大数据通信中难以普及，因此农业信息通信技术主要是基于无线模式。无线传感器网络（WSN）和移动通信网络是两种重要的信息传输形式，分别适用于近距离无线通信和远距离无线通信，相对比数据采集和数据处理，数据传输技术更为成熟。无线传感网络的近距离通信具体应用有蓝牙、WiFi、ZigBee 等技术，具有低成本、高可靠、自组织的特点。尤其是 ZigBee 技术在农业无线传感网络中扮演越来越重要的角色，与蓝牙和WiFi 相比，具有低速率（20～250kbps）、低功耗的特点，适合农业传感网近距离（10～100m）通信。远距离通信，GPRS（2.5G）是比较成熟的通信技术，具有永远在线、套餐价位低廉的特点，在当前依然可视为农业数据传输的首选。以 5G（第五代移动通信技术）、IPV6（互联网协议第 6 版，远远比现行 IPV4 地址资源丰富，且更安全，响应更快）为代表的新一代通信和互联网技术为数字农业的发展提供了更加可靠、安全、高效的网络技术支撑。

(二) 农业生产管理数据化

农业大数据具有地域性、周期性、时效性、综合性等特点，非线性问题、不确定性问题在农业数据处理中显得尤为突出。利用数字化技术对农业数据的处理主要体现在数据挖掘、算法技术、视觉图像处理技术等方面。在获取农业目标数据的基础上，利用大数据及算法选取适当的数学模型和信息学模型，对研究对象未来发展的可能性进行推测和估计，或采用智能控制手段和方法对农业生产过程进行干预，其中视觉图像处理技术、智能算法、智能控制技术是重点。云计算能够实现数字农业所需的计算、存储等资源的按需获取，大数据为海量信息处理和利用提供支持。利用大数据、云计算等技术，由局部到整体、由经验型到机理型、由功能化到可视化地构建农作物决策与管理系统，辅助农业生产及管理的数字化。

（三）农业数据量大且类型多

农业大数据的应用包含种植业、养殖业和林业等领域的信息，并延伸到种子、化肥、农药、农机、饲料、农产品加工等子行业的所有信息；同时包含各类统计数据、进出口数据、价格数据、生产数据和气象数据等。有国内区域的数据，也借鉴国外数据，逐渐生成完善的农业数据库。

三、农业大数据的类型

根据农业的产业链条划分，农业大数据主要集中在农业环境与资源、农业生产、农业市场和农业管理等领域。

（一）农业环境与资源

农业环境与资源数据主要包括土地资源数据、水资源数据、气象资源数据、生物资源数据和灾害数据。

（二）农业生产

农业生产数据包括种植业生产数据和养殖业生产数据。其中，种植业生产数据包括良种信息、地块耕种历史信息、育苗信息、播种信息、农药信息、化肥信息、农膜信息、灌溉信息、农机信息和农情信息，养殖业生产数据主要包括个体系谱信息、个体特征信息、饲料结构信息、圈舍环境信息、疫情情况等。

（三）农业市场

农业市场数据包括市场供求信息、价格行情、生产资料市场信息、价格及利润、流通市场和国际市场信息等。

（四）农业管理

农业管理数据主要包括国民经济基本信息、国内生产信息、贸易信息、国际农产品动态信息和突发事件信息等。

第二节　大数据在农业领域的具体应用

在农业生产过程中，应用农业大数据技术，可显著提升农业生产效率，改善农作物产量及质量。大数据技术在农业生产的应用主要表现在农业生产前期、过程和后期三个方面，如图 2-1 所示。

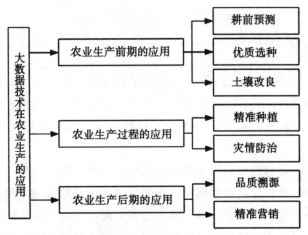

图 2-1　大数据技术在农业生产的应用

一、农业大数据在农业生产前期的应用

农业生产前期，通过采集生产种植区的每年气候变化、土壤条件、水质情况、种植作物品种及产量、自然灾害及病虫害等原始信息数据，结合当地农产品市场需求、国家及地方农产品优惠政策和历年农产品销售价格等其他信息数据，应用大数据技术，通过计算机技术与人工智能技术，建立耕种前预测模型，利用预测模型确定当地最适宜种植的农作物品种，预测最佳的种植时间，推理种植的农作物产量、收益份额、市场需求及病虫草害等信息。

（一）耕前预测大数据应用

近年来，科技进步助推电子商务、互联网的发展，二者在农村地区应用范围日渐扩大，农民开始通过互联网查询农业种植相关知识，掌握不同农产品市场状况，甚至通过电商平台选购种子，农民可通过互联网获取其所需要的各项知识信息。但是，互联网信息数量极为庞大，各个网站内其数据是否准确亦有待商榷，网络上甚至存在着一些错误信息，农民容易被误导，导致其利用效率并不高。

大数据技术的应用可实现种植区域内气候、水质、土壤、农作物品种、自然灾害、高发病虫害等各项信息的采集，同时可获取不同农产品市场需求情况，帮助农民掌握各农产品销售价格，通过科学的预处理及分析，确定当地最适宜种植的农作物，明确最佳播种量及种植时间。

（二）优质选种大数据应用

应用大数据技术，通过深度分析种植农作物种子实际活力，确定种植前种子是否经过其他处理工作，预测种子发芽率、抗逆性及抗病虫害能力等，帮助农民合理确定种植作物品种，科学选择优质种子，提高种植区作物的质量与产量。

另外，还可对目前市面上主要推荐的农作物种子进行检测，通过分析试验数据以掌握种子实际活力，明确其是否经过了杀虫及除霉等处理工作。一般而言，农作物种子具备越高的活力，其出苗率则越高，抗逆性及抗病虫害能力越强，农作物产量及质量均越高。由此可见，大数据技术的应用可帮助农民明确农作物种类，确定最佳的优良品种。

（三）土壤改良大数据应用

在农作物种植过程中，种植环境尤其是土壤环境是尤为重要的影响因素，基于此，对土壤环境进行改良非常重要。相关主管部门可针对土壤情况构建数据库，收集土壤类型、水分及肥力等各种信息。针对不同农作物，分别为农民提供最佳的精准施肥策略，以确保土壤养分满足农作物需求。

应用大数据技术，通过采集生产种植区的农田土壤相关信息，建立农田土壤及农作物生长情况数据库，以种植区土壤改良或土壤最佳为生产目标。针对不同土壤类型、气候条件及肥力需求、农作物品种等，采取精准施肥策略，避免盲目施肥和无效施肥，在保证土壤养分和农作物需求的前提下，应用大数据技术，合理平衡农田土壤有机质含量，科学改良农田土壤，促进大数据技术在现代化绿色农业耕种前预测、优质选种、土壤改良等方面的应用发展。

为实现大数据技术在土壤改良方面的有效应用，可构建土壤改良智能化平台，并为其连接移动终端。通过平台 APP，农民可快速查询土壤情况，设置土壤施肥参数，通过无线网络将确定的施肥参数传输至施肥机械芯片内，以实现智能化及精细化施肥，避免盲目施肥，保障土壤内肥力充足。

二、农业大数据在农业生产过程的应用

农业生产过程中，通过大数据技术、物联网信息技术与人工智能技术等相关技术的应用，改变传统人工种植方式的劳动效率低、劳动强度大、劳动力短缺等弊端，实施农业机械化的精准作业。针对大棚种植的农作物，通过合理布置多种温度传感器、湿度传感器、光敏传感器、视觉传感器实时监测大棚内环境及农作物的动态变化，采集相关的动态信息，并根据农作物生长情况适时应用大数据技术及人工智能等相关技术，结合"线上＋线下"现代农业管理模式，对各种种植环境及农作物生长情况进行分析与处理，科学合理利用温度、湿度及光照等环境条件开展农田灌溉、病虫草害防治及相关状态监测等植保调节与田间管理。构建适宜不同地区、不同季节、不同农作物生产的现代农业机械化生产体系，提升农业种植效率和农作物产量，降低相关农业成本和农业风险，积极推动智慧农业发展；应用大数据等相关技术，结合农业植保无人机及相关视觉监控系统，实时监测农作物当前的生长状况及周围外界环境变化情况，帮助农户及时了解农作生长情况，适时合理地做好农业植保与预防工作，科学调整农业生产活动。利用大数据技术分析实施精准施药策略，避免化学药剂资源浪费，降低病虫草害对农作物产量及质量的影响，精准预测外界环境变化，降低自然灾害等外界不确定性因素对农作物可能造成的损失，全面构建"互联网＋农业""大数据＋农业机械化""信息化＋农机化生产"等模式，进一步促进大数据技术在保证农作物健康生长及农民切身利益方面的应用发展。

（一）精准种植大数据应用

近年来，越来越多的农村人口外出务工，导致农业人口数量日渐减少。在农业种植过程中，若采取传统的种植方式需要大量人力、物力。而将大数据、物联网等相关技术应用于农业生产中，农业种植效率将显著提升。

例如，在大棚内种植蔬菜前，可通过精准种植物联网系统制定适宜的种植

关键技术方案。种植中，可通过温度、湿度传感器实时监测大棚内环境状况，并对其进行分析处理。根据处理结果，系统将结合农作物生长情况适时为农民推送相关农事提醒，与此同时，通过移动终端设备农民亦可明确相关监测数据及农作物实际生长状况。此外，在无线网络作用下，可实现 APP 软件及大棚内相关设备的有效连接，便于农民远程控制各种机械设备，落实耕种、温度控制及灌溉等各项工作。在大棚内，一旦环境出现异常，系统将立即报警。

（二）灾情防治大数据应用

自然灾害、有害生物等都会影响农作物产量及质量。在感染病虫害后，农民主要根据经验做出判断并自行处理，部分农民知识不全面，防治技术落后，防治效果并不理想，甚至因盲目用药而造成了资源浪费。而通过应用大数据技术，可构建一个专业的实时监测平台以实时监测农作物生长情况，识别各种农作物病虫害，为农民推送科学防治知识及技术措施。

气象灾害也是农业生产的一项重要影响因素。可利用大数据技术构建气象格点数据，以精准预测天气，在此基础上，农民可及时调整各项农事活动，降低恶劣天气可能造成的损失。

三、大数据技术在农业生产后期的应用

为全面提升农产品生产质量和合理优化农业生产过程，可应用大数据技术对农产品进行全程追踪及问题溯源。通过对农产品机械化深加工过程粘贴电子标签（生成对应的产品二维码），建立农产品的子数据单元，结合产品数据分类，构建相关农产品数据库，采用标签扫描记录农产品从生产至消费各个环节的数据信息，实时更新农产品种植、加工、包装、物流、消费等各个质量环节数据，及时、全面地获取农产品质量相关动态信息，提出农产品生产优化策略，实现农产品全程追踪及问题溯源，保证农业生产全过程的安全性与可靠性。应用大数据等相关技术，结合不同地区、不同季节、不同产品动态变化的生产信息、滞销信息和市场需求信息等，建立多渠道农产品产销预警机制，帮助农户合理调节产品供给安排，平衡产品市场需求，减少产品库存积压，制定满足消费需求、适应市场供给、避免农资浪费、农户收益可观的营销策略。实现现代农业精准营销的目标，进一步促进大数据技术在保证农业生产与市场运行健康及农民收益方面的应用发展。

（一）农产品品质溯源大数据应用

为确保农产品生产质量，可利用大数据技术对农产品销售过程进行追踪。在农产品上张贴 RFID 电子标签，亦可为各个农产品生成对应的二维码。通过扫描 RFID 标签，同时在农作物从生产至消费各个环节对相关数据进行添加并更新，可实现全程追踪。通过传感器或农事信息采集系统对信息实时采集并上传，从而构建一个安全追溯的平台数据库。在购买时，消费者可利用短信、上网或扫描二维码等多种方式获取农产品相关信息，进而了解农产品质量。

（二）农产品精准营销大数据应用

由于市场信息不对称，影响农产品资源分布，为避免农产品滞销，可在数据库内存储不同区域农产品生产、滞销、市场需求等相关信息。在大数据技术下，对农产品生产数据及市场数据深入分析，实现农业生产及市场信息的有效对接，有效平衡各地农产品供求数量，帮助农民合理安排供给计划，减少库存积压，进而实现农资平衡。

另外，也可以通过 QQ、微信、微博、电商等各个渠道对农产品消费群体相关原始信息进行采集，分析并挖掘所采集数据，从而构建消费者偏好模型及农产品需求模型，利用模型掌握不同消费者偏好，进而预测在将来特定阶段市场对农产品的需求量。同时可结合预测结果对农产品进行定价及包装，有针对性地为特定消费群体推送相关农产品信息。

综上所述，在全新的时代背景下，将大数据技术应用于农业管理势在必行，可显著提升工作效率，推动农业健康发展。基于此，相关部门需高度重视农业大数据技术，充分发挥其时效性，从而为中国农业长远发展提供动力。

第三节　大数据在农业领域的应用困境

一、大数据与农业生产融合度不够

（一）大数据技术运用不足

与其他行业相比，农业在大数据技术方面的发展还处于起步阶段，并没有充分发掘出数字技术所具备的潜力，同时在现有的应用中存在许多不足，需要持续创新、不断完善。

就现阶段而言，农户对大数据在农业生产中的应用接受度不高，大数据与农业全产业链的融合还不充分，没有挖掘数字技术更深层次的应用，导致大数据技术没有发挥出应有的作用，因此也无法产生太好的效果。目前，大数据农业市场的建设群体主要是农业领域的政府机构及部分公司，尽管有部分龙头企业领先试点大数据技术建设，尝试把物联网、云计算、大数据、区块链等现代信息技术与传统农业生产相结合并推动商业化的持续生产，但是更多的农业大数据项目仅处于示范基地试点建设中，无法大面积复制推广。

现阶段，农业大数据技术研发团队大多将研发的主要精力放在硬件设备的项目上。然而，由于农业产业化、规模化程度较低，将先进的大数据技术运用于农业生产中，特别是运用到偏远的农业生产区域很难实现农业的精益生产，因此大数据技术在农业中的应用难度较大。同时，农业产业链中的大数据技术还不完善，在农业产业结构的转型和发展中缺乏新动力。农业大数据的发展还不够成熟，许多技术还处于小规模的试验阶段，并没有大规模地推广应用。大部分的研究人员都在研究新的数字农业硬件，这就导致原有的大型机器不能充分发挥效能。若能将农业大数据技术的软件加入农业机器中，再加上后台操作，便可在原有的基础上建立一个数字农场，从而极大地节约农资。从普遍情况来看，农民主要靠农业生产、外出务工等模式增加经济收入，在经济收入低的情况下不愿意冒这个风险。然而，在大数据背景下，只有把现代技术和农业生产结合起来，才能使农业生产从传统生产向数字化、智能化生产发展。

（二）农业信息数据资源共享机制不健全

在大数据背景下，现代化技术发展迅速，数据资源融合共享成为农业大数据发展的关键。为有效推进农业大数据建设，政府部门需要努力在农业信息化体系中发挥引导、管理及监督的作用，通过大数据技术来实现传统农业与现代互联网的融合，但目前农业生产仍未能建立起完善的农业信息数据资源共享和协作机制。

1. 体制不合理以致缺乏可行的共享机制

一方面，政府部门间数据的安全性、保密性、脱敏性成为数据资源共享的一大难点。由于农业采购、生产、销售、运输的要求，农业信息数据资源涉及面较广，农业大数据平台的建设涉及农业、经信、交通、环保、科技、水利等多个部门的数据资源，而各管理部门或个人往往从自身的利益出发对数据资源的保存和管理分别制定相应的"规定"，这些"规定"并不统一，甚至相互矛盾。现有格局阻碍了政府信息资源的整合应用。另一方面，政府部门与企业、农户之间存在信息共享缺失等问题。由于在农业统计数据收集处理活动当中缺乏科学化的管理和规划以及专业人员的指导，无法建立起统一、开放、共享的农业信息数据资源共享平台。企业、农户无法通过一个信息入口来搜寻需要的农业信息和农业资源，信息共享存在缺失。在实际建设过程中，政府、农业企业、农户间提供相应数据时容易出现数据不全等问题，后期因为缺乏监督，平台运行一段时间后，数据的准确性、及时性和真实性就无法再考量。

2. 缺乏对平台数据的统一监管

由于缺少有效的数据管理、数据汇流和服务机制，政府出资的数据和科研单位的数据没有得到及时有效的开发和使用。农业科研用户、企业用户、农户之间缺少有效的信息交流平台，导致许多数据资源不能共享。目前，在农业信息数据资源管理上，没有一个明确的责任主体来牵头组织协调整个流程，大多是根据目前情况由项目需求方担任临时牵头工作，在涉及多个主体部门间协调时不能达到预期效果。在建设数字农业时，农业数据分析和建模水平不高，降本增效在行业本身的作用并不明显。由于农业大数据的监测和处理水平较低，缺乏统一的监测标准，对数据反馈不及时、不精确，影响到农业大数据在农业生产中的应用。

二、数字设备运行与管理的资金不足

(一) 数字设备运行成本高

农业大数据生产成本相对较高，水电、管道、网络、传感器等硬件设备的建设对小型生产农户来说前期的投入是无法承担的。根据我国农村的实际情况来看，政府若不能有效地减少数字农业设备成本，将难以实现数字化农业的普及。

农业大数据的运行设备成本并不是最大的投资，为了保证它们的正常运转，管理者必须日复一日地对数字设备进行维护，而每一次的维护都会产生更多的成本，而数字设备的易损率很高，再加上不断地更新也会不断增加投资。总之，当农户为数字农场铺设与维修设备的花费远远大于人工操作时，数字化就变成了一种虚假的需求。而分散在田间的设备也会对种植、收获造成一定的影响。在此背景下，农户和企业的投资积极性不足，使得农业大数据难以推广。由此可见，在开展农业信息化、数字化建设过程中，虽然通过农业大数据的建设能够帮助涉农主体提高农业生产效率、降低生产成本，但前期的投入和后期的回收无法以明确的金额做出项目可行性评估，因此制约了农业大数据建设的推广。

（二）财政投资和补贴政策尚不完善

我国地形地貌复杂多样，普遍为坡上耕地，要实现农业大数据化，如建设基础设施、更新农业机械设备、构建信息化平台等都离不开大量资金的支持，加上大部分地方的第一产业资金支持力度有限，也就难以实现全面推广。近年来，我国各地政府也在积极响应国家农业政策，重视"三农"工作的开展，在农业财政资产投入方面有所增加，要将农业科研成果应用到实际的农业生产中，不仅需要足够的资金支持，而且农业科研通常在平原地方进行，由于我国地域辽阔、南北差异较大，一些地方多以山坡种植为主，在气候、温度等方面的控制无法很好地实现，这与农业生产的现实情况还有较大的差距。

财政投资对推进数字农业发展具有不可替代的作用。然而，农业大数据的基础设施因缺少资金投入而变得脆弱。一方面，由于政府财力不足，在农业大数据的基础设施建设、网络建设和维护上投入较少，因此大数据的应用还处于初级阶段，发展速度较慢。另一方面，农业大数据化投资周期长、成本高、见效慢、维护难度大，导致投资农业大数据的积极性不高，大多还处在观望状态。一些已建好的数字农业设施运行效率较低，部分企业没有及时上传或录入数据，因此没有达到预期效果。

农业补贴是"三农"政策的一个重要组成部分，目前我国农业补贴主要有粮食补贴、良种补贴、农机补贴、农资综合补贴等，通过实施上述补贴，可以有效地激发农民的生产热情，促进粮食增产，增加农民收入。农业大数据相关的配套补贴主要包括对农业物联网装备硬件、软件操作系统、数字农机和应用数字农业的人员或组织等的各类补贴。但从实际情况来看，部分地方的农机购置补贴机具品种主要包括播种机、收割机、深松机、喷灌机等各类传统农业机械，并没有涉及农业物联网设备和智能农机的补贴，因为这些系统和设备的价格昂贵，比如，每套病虫害监控预警系统要花费 1.5 万元，而专门应用在农业方面的物联网气象站每台则需要 2.2 万元。

三、农业数字技术研发所需人力和物力不够

（一）数字主体创新能力不足

当前，我国农业创新主体较多，各类研究院、大学实验室、科研机构、涉农企业纷纷开展合作，产学研用一体化。就现阶段而言，农民的文化程度普遍不高，农业技术应用不多，虽然有的地方基层农业部门会开展农村技术下乡的宣传和培训，但农户对技术、知识的认识和接受程度不高。

人才资源是农业大数据建设的基础资源。打造好合理的人才队伍才能做好分工，真正落实相关政策，推进农业大数据的发展。

1. 缺乏复合型人才

在大数据应用到农业生产的推广过程中，需要大量的专业人才扎根一线，直接与广大农民接触交流，定期对农民开展培训，收集农民真实需求，深挖数字农业应用方向。在农业大数据建设过程中，需要一批专业的复合型人才，既要了解农业生产实际的问题和困难，又要熟悉农业大数据技术，能够对大数据技术与农业应用场景的结合提出想法和建议，并且牵头组织农业信息化项目的建设和落地。然而，目前不少地方政府对农业大数据复合型专业人才的需求重视还不足，没有建立完备的人才队伍培养体系。而且各高校在现有的教学布局上缺乏这两门课程的整合，日常教育也基本是分开的。这种培养模式不能大规模地培养出适合于农业大数据的人才，从而导致农业大数据人才的短缺。

2. 缺乏敢于开拓市场的领军人才

农业大数据的发展需要高素质的人才、高素质的农民和良好的人力资源作为支撑。我国农业大数据的发展尚处在初级阶段，企业和园区中应用先进技术的地方寥寥无几，没有能够承担起农业大数据旗帜的领军人物。目前，部分乡镇农业信息服务人员缺乏的问题尤为明显，一方面是基层人员外流现象加重，高校毕业生扎根基层服务的比例逐年降低，离职率增加。另一方面，工作管理导致的人才流动较大，部分乡镇未制定专岗的服务人员，由其他岗位的工作人员兼职；而在具体操作过程中，兼职人员工作变动的情况也不少。

（二）数字技术研发力度不够

目前，农业科研时间较长且成功转换率不高，同时由于企业间的竞争，农业技术的更新迭代较快。因而在创新应用部分，由于缺乏完善的激励体制，涉农企业主动创新的意愿不强，企业中很少设立全职的科研人员，创新能力无法得到提升。在农业大数据的发展中，大数据技术的创新能力存在一定的不足。农业服务系统长期以来都是以政府为主体，农业部门负责农业技术和科技的推广。长此以往，容易出现制度不能适应市场的需要和发展速度；经营管理人才相对匮乏，无法满足各个农业区的发展需求；农业主管部门不了解有关技术；各个部门之间相互独立，各自为政等问题。农业服务制度不完善，容易导致政府对农业技术的认识和宣传力度不够，农业成果的转化也不能适应当前的市场需要。

四、阻碍农业大数据发展的客观因素

我国农业生产模式转型难度较大，农业生产基地分布于不同地区，现有的数据体系缺乏完整性，数据存量不足。由于先进的感应器、数据传输设备的普及度较低，数据系统无法在农业生产的不同阶段采集到重要的信息与数据，农业产业链在多个行业内广泛延伸，数据在提取与加工过程中容易被人为活动扭曲，失去真实性与完整性。我国农民过度重视农业生产活动中的播种、耕作、收割等基本环节，不重视农产品销售、市场宣传、服务改进、原材料加工等环节的工作，因此数据搜集范围受到限制。农业大数据大多来源于产业调查、现场勘查，未能建立自动化的数据传输机制，导致获取真实信息的难度较高。大数据技术的应用成本高，数据客观性低，容易受到主观因素、自然环境因素的干扰。大数据科研成果在农业领域的转化率和普及程度较低，无法形成区域示范效应。适宜农业生产经营的多功能廉价数据产品和服务种类较少，内容单一，农业大数据难以形成稳定的自循环产业链，现代农业大数据的发展应用较为滞后。

此外，农业在信息化和机械化层面的应用程度高低，对大数据技术的推广和应用有着直接的影响，也会给智慧农业在发展层面带来诸多影响。目前，在政府有关部门及金融公司的大力帮助扶持之下，我国农作物在机械化层面的综合水平正在不断提高，但部分区域受到自然地理因素的影响相对较大，导致此部分区域的农业机械化程度以及信息化水平较低，在农业信息化、机械化方面亟待提升。

第四节　大数据在农业领域的应用对策

一、建立信息采集平台

（一）信息采集

大数据技术的存在，能够为农业生产提供技术与指导。应根据当前农业发展实际情况，搭建大数据平台，建立系统性的农业大数据框架，推动各项生产工作开展。农业大数据汇集了种植业、养殖业等多种类型的数据，也是农村经济发展的根本。基于农业大数据技术，建立完善的数据库和平台，对农产品生产环节进行监管，可实现周边地区数据传输共享，形成协同作业的局面。利用农业大数据为农户提供准确的农业信息，将信息导入平台中，用户可以有效查询各地农业生产实际情况，方便用户修改反馈结果。

（二）数据交换共享

为促进大数据技术的普及应用，提升我国现代农业生产的技术含量，大数据技术供应商与科研机构必须逐步统一农业大数据技术设备的信息搜集标准，集中技术资源推进数据标准化研究，重点研发数据搜集技术和转换技术，做好农业生产信息编码，并为不同阶段产生的农业数据添加防伪标志，为设备添加自动分析与智能数据加工功能。通过完善数据核算标准与质量检测标准，生成正确率较高、具备突出应用价值的农业数据，让行业内不同技术供应商所提供的设备在数据结构、信息分析标准等不同层面保持一致，规范农业数据的管理与保存方式，建立完善的农业信息安全防护体系，让农户与农业研究专家可依托数据分析设备，检索、搜寻自身需要的农业信息。

农业大数据能够对信息进行加工，满足多个单位的数据交换需求。实现跨层级、跨地域的数据传输与交换，将收集的数据存入数据库中，打破"数据壁垒"，挖掘数据价值。采取多平台对接形式，建立各平台数据联通体系，获取准确实时的数据，实现上下级数据对接。为提升技术资源利用效率，农业管理部门应当着手建立覆盖多个领域、无门槛的数据共享机制，实现从上到下、从微观到宏观的农业数据搜集目标，允许个体农户与农业企业定期在数据库中上传、发布信息，整合与农业生产有关的各方面信息资源。数据服务供应商应当不断扩大服务范围，主动在农业市场中开拓全新的服务领域，推出高质量的信息服务，寻求不同类型的信息用户。通过搭建综合性农业数据平台与服务网络，促使互联网信息化技术与农业产业发展进行全面结合，创造出一种以互联网平台为基础的新型农业模式。农业管理部门应当要求数据服务供应商面向各行业开放农业信息资源目录，让农户了解到最新的数据分析标准。

二、建立监测体系

（一）种植环境监测

部分农产品需要使用大棚种植，农业大数据能够对农作物进行监管，避免人为或失误现象发生。监测系统通过传感器采集温室内的温度、湿度等环境数据，并将其传输至数据中心。利用大数据分析模型，对数据进行精确分析，模拟农作物生长环境，与收集的环境数据进行对比，为大棚种植提供生产指导。例如，生产过程中，传感器监测发现有数据出现偏差，系统会发出指令，调控自动化设备工作，保证农作物处于预设的环境下。通过环境数据优化，能够合理优化资源，实现农业生产自动化管理，达到提质增效的目的。

（二）病虫害防治

农业智能化决策，能够保障农作物健康生长。融合专家推理与数据分析，对种植农作物的生长情况进行监控分析，为农户提供基因改良技术，强化农作物抵抗力，预防病虫害发生。视觉处理技术能够对烦琐数据进行标准化处理，以特定形式呈现给用户。用户将处理后的数据应用在农业生产中，能够节约人力成本，保障农作物正常生长。在农作物发育不良或遇到病虫害后，视觉处理技术能够为农户提供数据支撑，实现精准化管理，指导农户科学应对，及时补充营养、有效除虫，保证农作物产量。

（三）灾害预警

灾害预警能够对农作物生长期间存在的病虫害、气候灾害进行预测分析。例如，由于南北方气候差异，不同区域会存在干旱、洪涝等灾害以及常见的病虫害，这些都会影响农作物生长。结合农作物生长环境进行分析，根据气象指标明确防治手段，有效预测灾害，能够减少农业生产损失。

三、农业综合服务指挥决策

（一）页面展示

利用大数据可视化操作的功能，借助空间地理位置系统，动态获取定位信息，对农村整体种植情况进行监管。设定农业产值、产量等主题，通过系统分析，汇总数据，出具生产报告，便于做出结构调整、落实政策，真正实现智能化管理以及动态监管。可视化操作，便于通过平台进行连级查询，满足不同业务需求，为用户提供完整数据与分析依据。展示页面中，能够显示不同农作物种植区域与检测设备的情况，根据检测重点用不同颜色区分，两侧为各项数据的柱状图，显示实时数据，实现动态化监管，能够在问题发生时，及时发出警报提示监测人员处理，从而对农产品生产进行全程管控。

（二）决策分析

决策分析能够保障农产品的质量与产量，提高农业经济效益。结合农业生产，面向农作物数据优化，拓展决策功能。利用大数据开启专题决策，对各个主题数据进行挖掘和分析，从而实现多角度管控。

1. 地图大数据

将农业信息与农业生产结合，建立地图大数据，利用定位系统、传感器等设备，对土壤资源、土地利用、农产品种植等多方面数据进行监管。地理信息系统能够基于热力学按照区域色值分布，提供不同层次数据分析结果，将数据结果以柱状图、等值线图等形式展示，便于生产人员对农作物生长情况进行动态监测，有效掌握农作物生长规律。

2. 大数据分析模型

大数据分析模型通过对农产品的分析，可提供可靠数据，整合预警预测、生长趋势分析等多项功能，为农户提供精确的指导。农产品生产是保障农业发展的重要基础，农产品价格会左右农业发展质量。对此，根据农产品市场价格走向，建立价格风险测评模型，通过对比市场价格，整理历史数据，根据季节性波动因素，为政府调控提供决策信息。采用大数据分析模型，结合市场价格走势实现多方联动。建立预警预测分析模型，能够对农产品市场进行有效监测，根据市场价格，及时调整农业生产方式，推进农业供给侧结构性改革，提高政策干预力与预判力，从而为农产品种植生产提供精准决策。

四、开发农业新业态

（一）塑造农产品品牌

品牌塑造是在保障农产品质量的基础上，拓展市场份额的重要手段。品牌塑造能够改变农产品从种植到销售的各个环节，精准把控市场需求，促使农产品做大做强。利用互联网建立"网络农产品"的模式，通过构建信息网络，强化各环节服务，建立贯穿全产业链的质量安全体系。通过大数据技术，实现全景监测、问题追溯，提高产品质量安全，保障农产品信誉度。利用云服务平台，促进信息技术与农林渔牧产业深度融合，打造品牌农业，从而推动农业经济发展。

（二）农产品精准营销

农业市场存在信息不对称现象，会严重影响农产品销售。在大数据技术的支撑下，能够实现市场数据与当地农作物历史销售信息的有效对接，建立分析模型，平衡区域内农产品供给数量，帮助农户合理制订供给计划。还能够通过微信、抖音等渠道获取消费群体信息，掌握不同消费者的喜好，预测未来消费者对农产品的需求。在大数据技术的支撑下，还可以通过"大数据农业订单"的方式，支持企业开发农业新业态、新模式，以订单种植方式对接农业资源，实现农作物生产、畜禽养殖等对接服务，减少资源浪费，带动农户增收。

（三）发展数字化农业

为进一步解放生产力，推动农业产业的数字化发展，农户可正确运用新普及的大数据技术，改造现有的农业经营模式与生产方式监督，建设在线监控机制与智能化调节控制网络。例如，农户可利用传感器采集生产设施、农业基地自然环境、农作物的实时资讯，做好数据整理、加工、分析、归类等各项基本工作；完善现有的智能化检测体系，监测整地翻地、农药用量、农作物长势、植物保护等具体工作的实施情况。初步整合农业生产数据并加以分析后，可建立立体化的农业经济模型，并预测可能发生的自然灾害、人为管理失误或农业市场波动，制定完善的管理预案，将农作物亩产量和农产品品种、种植方式进行匹配，选择更完善的农作物种植方案，提升农业生产效率。

第三章 大数据在健康医疗领域的应用

对于医学领域的信息化增长，产生了健康医疗大数据，国家卫生健康委员会和地区卫生医疗机构正积极推动健康医疗大数据的汇集和应用试点，打造当地健康医疗大数据治理系统，为医学数据分析、民生医疗档案、疾病检测等方面提供数据基础。因此，对于健康医疗大数据的治理可提高医疗数据的利用价值，增强医疗资源分配管理能力，方便就诊，也提高当地医疗服务水平，降低医疗成本，同时治理后的数据可为健康保险行业、医药产业提供精准的投保及生产工作。下面就大数据在健康医疗领域的应用展开讨论。

第一节 健康医疗大数据概述

一、健康大数据的定义

孟群等人指出健康医疗大数据涵盖人的全生命周期，既包括个人健康数据，又涉及医疗服务、疾病防控和食品安全、养生保健等多方面的数据[①]。《关于印发国家健康医疗大数据标准、安全和服务管理办法（试行）的通知》指出，健康医疗大数据指在人们疾病防治、健康管理等过程中产生的与健康医疗相关的数据，包括个人健康、医药服务、疾病防控、健康保障和养生保健等自然人的全生命周期数据。健康医疗大数据除具有大数据的一般特征外，还具有数据多维性、医学术语复杂性、数据不完整性、数据时序性、数据冗余性、数据高度敏感性等特性。其按类别可分为院内健康医疗大数据、移动健康医疗大数据和公共健康医疗大数据。

---

① 孟群、毕丹、张一鸣等：《健康医疗大数据的发展现状与应用模式研究》，《中国卫生信息管理杂志》，2016 年第 6 期，第 6 页。

大数据系统与医疗领域的融合呈现出多元化的态势。健康医疗大数据是医疗领域未来发展过程中信息技术应用的一个具体项目，以数据收集为基础进行数据分析、功能设置等。这些数据需要进行精细化的分类管理。在健康行业运行过程中所产生的数据会经过服务器进行存储，并且依照设定好的数字模型进行数据分类、处理，以便为相关人员提供更为直接的决策参考依据，对大数据类型进行及细化的分类管理可以大大缩减信息检索的速度，用户可以根据自己的需求进行信息的查验，大数据的产生与应用将会在很大程度上决定健康医疗行业未来的发展方向。

健康医疗大数据可按表 3-1 所示分类。

表 3-1　健康医疗大数据种类

健康医疗大数据种类	分类解释
临床大数据	临床数据收集以个体为单位，对其接受治疗的过程中所产生的数据进行收集。临床医疗大数据应用的主要目的是帮助个人形成较为全面的身体健康状况评估报告，个人和医师都可以在大数据系统中进行目标对象的数据检索，方便医师问诊。并且所收集到的临床数据会以电子健康档案的形式展现出来，其中包含用户的病理、医学影像资料、就诊状况等
健康大数据	健康大数据的信息收集内容主要是用户的生活方式、生活环境、饮食行为等方面所产生的数据，并且分析可能会对用户身体健康产生影响的因素，全面地评估用户的身体健康状况
生物大数据	生物大数据的信息收集内容主要是国家生物实验室、各大医院所建立的生物医学试验室、临床科研项目、临床领域以及公共卫生领域所产生的基因组、试验疗法、转录组学、试验胚胎学、基因学、代谢组学等方面的研究过程中产生的数据。生物大数据的应用能够在很大程度上帮助研究人员调查疾病与人体遗传标记之间所存在的必然联系，改变传统医疗模式下对所有的患者都采取"一刀切"的治疗方法，将基因学的内容引入临床治疗中，对患者的基因组数据进行分析从而提供有针对性的医疗方法，可为医疗技术的进步以及疾病预防工作的开展提供有效的技术支持

健康医疗大数据种类	分类解释
运营大数据	运营大数据的信息收集内容主要为各类医疗机构、社区医疗服务中心、社会保险中心、职业病治疗中心、商业医疗保险机构、制药企业、中药店、西药店等各种与医疗行业相关的机构在运营过程中所产生的数据。通过对以上结构数据的收集可以充分地调研各种疾病的治疗成本以及报销的系数，针对常见且人口基数大的疾病提升报销方案设计的合理性，并且打通药品研发数据与产品流通数据之间的壁垒，有助于医药企业展开合理的制药分配工作。除此之外，还能够在医药、耗材、器械等方面进行成本核算，有利于健康医疗行业开展成本控制

综上所述，健康医疗大数据是指与健康医疗相关的所有数据的集合，不仅包括健康医疗行业内的医疗服务、公共卫生、互联网医疗等数据，还包括公安、民政等行业外相关数据。

二、健康医疗大数据的特征

随着社会经济的发展和科学技术的全面进步，医学研究逐渐将社会学、心理学、经济学、计算机等学科的研究方法运用到医学领域；同时，健康医疗大数据的发展与应用也为医学研究开拓了新的视野，提供了新的方法。

目前不少文献将海量、多态、缺失和冗余作为健康医疗大数据的特征。健康医疗大数据相比某些产业数据，数据量更大、数据多元，同时数据缺失和冗余的情形更加明显，但这些特征实质是大数据的基本属性，并不能因为健康医疗大数据相比某些数据子集表现更显著就视其为健康医疗大数据的基本特征。在某些大数据的基本属性上，健康医疗大数据未必具有更突显的表征，比如就海量这一特征而言，健康医疗大数据和交通旅游大数据相比，很难说健康医疗大数据的规模就大于交通旅游大数据。对健康医疗大数据特征的考察必须结合医疗健康和公共卫生领域的特性，下面据此提出健康医疗大数据的三个特征，即高度专业性与广泛全面性并存、强人格属性与公共治理价值并存、数据形态非结构化与结构化并存。

（一）高度专业性与广泛全面性并存

高度专业性源于医疗卫生领域具有的专业门槛，许多高价值医疗卫生数据的采集、分析和应用都以专业医疗操作为前提。在"健康中国"的背景下,对健康的理解要覆盖全人群和全生命周期。健康医疗大数据不仅可以来自医疗机构和疾病防控机构,也可以来自饮食、运动、睡眠等日常场景。在公共卫生治理中,还常需援用来自交通、农业和工业等领域的大数据。健康医疗大数据的广泛全面性是充分挖掘数据价值的重要条件,这也与医疗健康和公共卫生管理目标的复杂性相关。健康医疗大数据高度专业性与广泛全面性并存的特点是大数据嫁接至医疗健康和公共卫生领域后呈现的独特状态,既显示了医疗卫生领域的特殊性,也验证了大数据的技术路径。

(三) 强人格属性与公共治理价值并存

大数据所涉及的隐私问题是大数据研究绕不开的共性问题。相比教育文化、交通旅游、日常消费等方面的大数据,对健康医疗大数据隐私保护的争议更为激烈。从保护方式上来看,对健康医疗大数据的保护主要存在人格权保护和财产权保护这两种路径。在隐私信息保护问题的争议上,以王利明教授为代表的学者认为应该将个人信息权利作为独立的人格权。[①] 也有学者认为这一争议的根源在于对健康医疗大数据范围认识的差异,在"健康中国"背景下,健康医疗大数据既包括根据现有法律必须披露、应该公示或者可以共享的医疗、疾控、公共管理等相关数据,也包括涉及公民隐私或商业秘密的数据。对于那些具有高度私密性并且可能会因公开而给信息所有权人带来困扰的"敏感信息"[②],因其具有明显的人格权属性,更适宜采用人格权的方式予以保护;而对于那些并不属于敏感信息,并且在法律框架下应然或者经授权可以公开或共享的大数据,如果其存在较高的公共治理价值,则应该在合法合理的基础上推进数据共享。在"健康中国"背景下,我国健康医疗大数据的范围已然不局限于医疗领域的数据,健康医疗大数据所呈现的强人格属性与公共治理价值并存的局面要求我们必须加快对相关数据权利保护的研究,在保障公民人格权利的同时,充分发挥健康医疗大数据的有用价值。

(三) 数据形态非结构化与结构化并存

医疗行业是具有严格信息记录"传统"的行业。诊疗部门需要按要求记录

---

① 王利明:《论个人信息权的法律保护——以个人信息权与隐私权的界分为中心》,《现代法学》,2013 年第 4 期,第 70 页。

② 张新宝:《从隐私到个人信息:利益再衡量的理论与制度安排》,《中国法学》,2015 年第 3 期,第 39 页。

病人诊疗信息，检验部门和医药部门也有严格的信息存档要求，疾控机构需按法律规定进行信息报送等。大数据概念未提出之前，在医疗健康和公共卫生部门运营的过程中，已存在以病历、用药医嘱、检验数据、信息报告等为代表的结构化数据。大数据在医疗领域的使用，不仅提高了这些结构化数据的电子化水平和管理效率（最典型的如医院信息系统的建立），还促进了医疗机构非结构化数据的信息挖掘和利用。概括来说，在引入大数据技术之前，医疗领域的数据即呈现出明显的非结构化与结构化并存的特征，在引入大数据技术之后，大数据技术进一步提高了健康医疗领域结构化数据和非结构化数据的价值。在一定程度上可以认为，健康医疗领域的数据挖掘和分析是大数据技术验证其功能的重要场域。

此外，在应用健康医疗大数据进行医学研究时通常具备以下特点：一是研究内容的广泛性。由于可获得的数据来源与数据类型越来越广泛，其研究内容在包括宏观因素（如社会民生、社会经济、环境等）的同时还包括微观因素（如生活方式、医疗保健、社会支持网络等），导致医学研究需要探索的数据组合将呈现指数级的增长。二是研究因素的复杂性。由于研究对象的组合大大增加，需要从不同的侧面、角度、层面等讨论各个组合之间的相关、因果关系；此外，分析的对象不再局限于结构化数据，更是扩展到多源异构化的数据（如文本、语音、图片、视频数据等）。三是研究结果的时效性。在传统医学研究中，收集到的数据经过一段时间后并不能很好地反映观察对象的当前情况，其所拥有的数据价值将会下降。而在大数据时代，数据收集的便捷性可以大大提高数据对当前研究对象的真实反映。

三、健康医疗大数据的来源

（一）医院信息系统

该系统以最新信息技术和网络技术为支撑，充分发挥其有力辅助作用，实现对医疗服务和运营管理的提升。在这一系统辅助下，医院能够更为便捷地实施数据的收集、存储、取用、处置、传送、汇总等，从而形成相应医疗数据库，由此可从整体视角提供高度智能化、网络化的管理与服务。其包含非常丰富的内容，如电子病历库、医院管理库等，并在实践中不断增添新的项目。

（二）区域全民健康信息平台

其综合诸多机构所共享的信息构建而成，这些机构主要有医疗、疾控、卫检、急救、血库、医卫行政、基层医疗等，同时它还形成与其他相关部门的有力合作，如人社、金融、保险、公安、民政、工商、教育、统计等。因此，其数据来源具有广泛性、多样性、复杂性和海量性的特点，并且分布比较分散。整体而言，其数据主要由三部分构成：一是医疗数据，二是公卫数据，三是计生数据。

（三）公共卫生系统

通常而言，公共卫生机构指的是面向全体民众提供相应卫生服务的机构，如疾控中心、卫生监管、妇幼保健、精神卫生、急救中心及血库管理等。由这些机构或部门所产生的数据便是公共卫生机构数据，如疾控数据、医疗数据、妇幼数据、血库数据、精神卫生数据、应急数据、健康数据等。

（四）互联网数据

在网络技术迅猛发展的时代条件下，各种移动便携设备迭代不断增速，相关网站所形成的专业数据更为丰富详尽。在网络环境，网站及健检设备所产生的数据构成了健康医疗方面的互联网数据。在健康网站中，这些数据通常是以留言、反馈、咨询形式实现的，通过文字、图片、音频、视频等展示出来，同时还包括付费服务所形成的数据信息。健检数据则是指通过移动健康设备的动态监测，形成关于个体健康水平的相关数据，如脉搏、血压、心率、睡眠。

（五）生物信息

这类信息指的是运用 DNA 检测技术获取的标志生物独特性的基因数据，如生物基因的名称、位置，物种来源，核酸情况，RNA 及蛋白质数据，标识点位置及基因间的相互影响等。可将基因序列数据划分为四类：一是高通量基因组序列，二是表达序列标记，三是序列标记位点，四是基因组概览序列。

（六）学科相关数据

这方面主要是指与生物基因及其运行体系相关的学科领域，如人口学、生命学、环境学等。具体来看，生命学包括生物基因、系统运行相关的信息，环境学则包含山川、河流、生物、大气、辐射、噪声、污染源及生活用水等方面的信息。运用大数据技术，对这些数据信息加以分析，并与健康医疗大数据深度结合、灵活应用，可实现对疾病的尽早预警，能够更为及时地采取措施，在公共卫生方面实施高效预防措施。

（七）行业相关数据

行业相关数据包括人社、银行、保险、公安、民政、气象、工商、教育、统计等其他部门的相关数据。人社、公安、民政和统计部门的相关数据主要是人口基础数据，包括婚姻、死亡和居民家庭信息等数据；银行、保险、人社等部门产生医疗保险相关数据；教育部门相关的数据主要指医学教育、医学科研研究等数据；气象部门的相关数据主要是一些与医疗卫生相关的气象环境数据；工商部门商业行业相关数据通常是制药公司和医疗保险机构产生的与医疗行业相关的数据，包括医疗保险数据、制药业和药品销售数据等。

第二节　大数据在健康医疗领域的具体应用

在健康医疗大数据的应用过程中，需要以应用对象的差异性为依据，实施有针对性的应用。如应用对象可能是居民个人、公共卫生、医院医疗、政府部门、行业产业等，由此可针对不同的场景、需求做出具体应用选择。

一、个人健康保健

（一）健康监控与测评

个人可将智能设备穿戴在身上，然后在电脑或手机中下载移动 APP，由此可以得到自身生活、身体、运动及相关行为的数据信息。通过对这些数据信息的汇集融合，形成对健康状况及患病概率的大数据集，然后运用大数据分析技术实现对人体健康情况的动态监控、科学测评、实时反馈，同时参考其健康档案数据，合理预测个人疾病风险发生概率，从而达到监控、测评个人健康状况的目的。

（二）慢病管理

收集整理患者所患慢病情况，建立相应档案、病历等，构建起动态科学的数据库，通过对这些数据信息的深度挖掘，形成对该病发展变化的有效预测，并形成相应风评模型，全面分析导致慢病发生的各种因素及其指标，从而较为准确地判定高危人群发病率，实现对慢病的科学管控，使患者能够合理自评，有针对性地优化生活方式。充分利用可穿戴设备，同时深度结合大数据分析等技术，可动态获取慢病病人健康状态数据信息，通过分析测评，实现对患病风险的有效预测。大数据分析技术还可对以往数据进行深挖，从而形成个性化治疗方案。

（三）儿童保健

这一维度主要是出于以下两个目的：一是实现儿童的及时、精准医护，二是达到免疫规划的要求。通过深入、全面分析儿童医护信息、医嘱数据等资源，同时对相关业务内容加以研究，构建起相应数据库及模型，达到高效共享儿童疫苗数据、科学管理新生儿疫苗接种信息、数据动态监控分析、及时查询疫苗接种数据的目的，从而形成精准高效的数据信息，为相关部门的数据应用提供有力支撑。

（四）妇女保健

这一维度的功能体现在两个方面：一是科学评估孕产妇患病风险，二是有效监护孕产妇健康状态。在收集整理孕妇个体信息、孕期相关数据、生产过程环节等内容的基础上，利用大数据技术深度分析孕产各个阶段的数据，从而有效辨识孕产妇潜在的风险隐患，构建起相应风险评估模式，形成有针对性的产后康复方案，最大限度地减少母婴风险发生概率。如利用可穿戴移动设备及时、准确检测孕产妇健康动态，并与医院检查结果相结合，引入大数据分析技术，实现对其健康状况的智能化、科学化测评，保证孕产妇处于良好健康状态。

二、公共卫生服务

（一）传染病的防控

在传染病监测过程中，可对相关数据信息进行动态分析，并与医卫信息、人口数据相结合，引入地理信息技术、大数据处理及挖掘技术等，全面、深入分析医卫、病原、地理信息等数据信息，实现对传染病的有效监测与预警，形成有针对性的疾病监测、响应机制，明确传染病传播方式、时间等，从而为疫情防控提供及时高效的数据支撑。对患者进行数据分析，还能够有力支持疫苗研发工作，有效减少流行病传染概率。

（二）职业病防治管理

利用相关测评系统，实现对职业病相关数据的收集整理，形成有针对性的监测数据库，同时与医卫机构数据信息深度结合，形成电子档案记录，获取关于高危企业、人口环境的相关数据，然后进行智能化、专业化的监控、测评，确定不同区域范围内职业病发生的概率。

三、智慧医疗服务

（一）辅助诊疗

通过及时有效的辅助，实现智能诊断与疾病预测。在医院已有的临床知识库基础上，与相关电子档案、病历相结合，引入大数据挖掘技术，动态分析医疗活动中遇到的各种疾病，明确表现症状，确定查验结果，构建起疾病类型、表现症状、查验结果及需用药物间的动态联系，构建相应预测模型，达到对疾病科学预测的目的。通过对已有临床数据、图片、音视频等内容的分析，并与专家注释的样本数据相结合，运用图像处理手段进行识别与分析，同时引入人工智能、视觉技术、机器学习等手段，构建起医学影像知识库，达到自动辨识、处理医学影像的目的。

（二）特殊疾病诊疗

查验电子病历中的相关数据，然后运用决策树实现对肿瘤发展状态的分析，并最终做出相应判断，实现更快、更准诊断。以电子病历所显示的结果、方案为依据，以决策树为工具深度挖掘肿瘤数据信息，形成有针对性的特征描述，并进行属性分类，明确相应治疗方案，以查验结果为依据制定针对性治疗方案，达到有效辅助的目的。

（三）治疗方案有效性分析

收集整理事结构化电子病历，并对其中的数据加以分析，明确可以运用的干预措施或治疗方案，然后进行对比甄选，确定它们的有效性，为实际选取应用提供有力依据。

四、医院运营决策

(一) 医院业务监管

医院业务的监管主要包括医疗安全监管和医院运营管理。在电子病历的基础上，与急救现场、感染病例及医疗事故三个方面的数据相结合，同时运用关联性分析、文本分析等手段，明确医疗行为与这三个方面的关系，确定指标关联，达到科学高效管控医疗安全事故的目的。在获取出诊信息、电子档案及病历、住院记录的基础上，与医院日常数据相结合，引入大数据分析技术，深度剖析患者类型及数量、出诊记录、运营成本等方面，明确这些方面的发展规律，实现更具智能化的辅助管理。

(二) 成本绩效管理

从各个部门平台中得到相关数据信息，然后利用大数据分析技术全面深挖、分析这些数据，在此基础上形成层级性绩效考核指标；然后深入分析各指标特点及趋向，形成对不同层级医院管理的有益指导，提升医院绩效管理成效。

首先合理优化各个业务系统的数据信息，如仓管、收费、医保、成本、医护等，然后引入大数据分析技术，实现对各个流程数据信息的全面剖析，明确医院运营成本构成，并与它们的获益情况相联系，助力医院的成本核算与管控。

五、政府监管

(一) 医疗服务智能监管

这一维度包含两个方面的内容：一是针对卫生计生监管数据的分析，二是针对医疗服务的动态监管。获取医卫检查数据、违法信息、监测数据、处罚情况等，有针对性地分析医卫机构易于违法的行为，以及需要重点管理的内容，从而形成对医疗监管决策的数据支撑。在得到医院运管、病历、监管等方面的数据后，以数据分析法为工具，制定医疗服务监管指标，为计生及监管部门提供重要依据，促进医生更为及时高效地发现、排除风险隐患。

（二）药品质量监管

药品质量监管主要是为了全面分析药品质量及其成因。在掌握了药品质量抽检数据后，引入关联分析法确定药品质量核心性质，进而形成对其质量的快速、有效判定。在获取了药品的质量抽检数据、审批等信息后，科学运用数据挖掘技术，全面剖析药品质量及其状态成因，能够实现对药品质量监管的有力提升，达到精准指导药品生产、提高药品质量的目的。

（三）人口监测

它是针对人口增长及流动两个方面进行的监测分析。通过对数据挖掘技术的充分应用，全面剖析某一范围内一定时期的人口增长情况，发现影响因素，明确它与人口数量的相互关系，建立起相应指标体系，构建起有针对性的分析模型，实现对人口管控、资源利用和环境保护的协调。收集整理人口流动信息，并运用大数据技术，便可更为形象地展现人口的区域流动状况，实现对未来流动趋向的科学预测，形成对流动人口管理工作的有益指导。

六、医疗资源管理

（一）医疗资源分配分析

深入分析已有临床数据，能够实现对各层级医疗资源的优化，达到高效整合的目的，促进各医疗机构不断提高信息共享度，构建起更为完备的联合网管体系，使社区疾控中心与医院之间形成更加紧密的对接与融合。全面剖析患者患病记录，明确其性别、年龄、时间、用药及复诊等情况，以便确定其病患属性、特点。以此为基础，形成相应规律性总结或经验，不断优化医疗资源的调配，以诊断情况为依据，形成有针对性的医生配备、药物准备，同时参考患者性别、年龄等，对诊疗细节加以微调，以复诊规律为指导，对相关资源实施自动配置，从而达到对不同层级资源实现合理配置的目的。

（二）卫生人力资源管理

首先要获取医卫人员相关信息、常规工作数据、职业现状、绩效情况以及相关外部数据，然后进行全面具体的分析。在此基础上，动态监测当前卫生人资状况，形成相应评价，实现对人资供需发展情况的科学预测，进而优化相应卫生人资资源，形成有针对性的医卫培训规划，进一步加强绩效考核与应用。

第三节 大数据在健康医疗领域的应用困境

随着我国市场经济体制的逐步确立与完善，医疗数据研究已经成为上市医院决策考量的重要依据。传统医疗管理工作主要包括填制记账凭证、登记科目明细等，这些都需要依靠医疗数据研究的数据支持，因此人们对如何才能更方便有效地获取这些信息进行了深入思考。

一、数据整合成本高

对医疗卫生机构而言，电子病历数据具有较高的准确度和商业开发价值，必然要担负起采集、存储健康医疗大数据的职责，发挥应有的主力军作用。但是在现行医疗体制下，由于个人信息、隐私数据等存在泄露等安全隐患，医疗卫生机构无法对健康医疗数据实施共享，不仅与社会民众间形成数据屏障，各医疗卫生机构间也会产生数据壁垒。这一数据孤岛的存在既加重了患者数据采集的重复性，造成严重的资源浪费，也不利于健康医疗大数据的深度开发和全面建设。目前，医院间针对现行数据共享存在着较大的意见，不同医院之间建立数据联系的案例十分稀少。就现阶段而言，建设全国范围内的健康医疗数据资源集成平台还存在着诸多困难，诸多医疗机构的合作水平不一致。此外，在平台监督管理和参与主体方面还没有形成完善的体系与机制，实施起来存在较大的时间成本付出。

一些医疗机构对自身的数据保护较好，由于合作时会涉及患者的隐私，因此实际操作较为困难。虽然从现实情况来看数据融合的道路还存在一些阻碍，但健康大数据正处于社会快速发展过程中，也是未来健康医疗的发展大趋势。医疗相关企业、机构要想实现不断高质量发展，面对当前较高的数据收集成本，需要进一步进行技术合作，有效衔接，共建共享，互为补充。

二、健康大数据开发不足

医疗企业要展开业务时，会对客户信息进行全面收集，客户信息依然有泄露的风险，虽然当前国家发法律已经对此进行了规范，但是依然有一些不法经营者或个人为了利益对客户信息进行盗取。目前，健康大数据开发不足的主要原因如下：

第一，识别对抗样本效率较低。虽然目前大数据技术在高速发展的情况下解决了诸多技术问题，但是对抗样本效率较低的情况依然存在，主要是数据处理过程中，集中添加微小扰动形成的数据有着极高的置信度，而这些微小扰动发生错误将引发大数据问题，尤其是网络黑客入侵，容易对大数据网络造成负面影响。针对此问题需要进一步提升对抗样本效率，使微小状态下的数据得到有效保护，进而降低风险发生概率。此过程中则需要公司技术人员进一步对对抗样本处理技术进行研发，不断突破技术壁垒。

第二，没有形成统一的构造模型。从当前现实情况来看，深度神经网络已经在各个领域取得较大发展，开始发挥越来越重要的作用，但是深度神经网络依然存在一定限制。当前应用较为广泛的序列网络、卷积网络以及对抗式生成网络都仅在特定领域应用，存在应用范围相对较窄的问题。人类可以通过大脑与神经系统对语言、文本、图像等进行各种综合信息的处理，因此深度神经网络还有着较大的局限性，需要进一步构建统计模型，不断提升其应用的广泛性，尤其是通过构建统一模型形成对各种信息数据的优化处理。

第三，面临提高训练效率的挑战。深度神经网络已经在各个领域得到广泛应用，该技术的成功主要依靠大量训练数据。网络学会某一项特征至少需要对五千万以上的样本案例进行学习与分析。但是人脑则只是需要几十到一百的信息样本量就可以实现很好的学习，进而处理更加复杂的问题。因此深度神经网络在模型与训练方式方法上还有较大的提升空间，包括其模型信息处理能力的提升，应改善训练方法，进而节省训练时间，使其可以应用到更为广阔的空间。

三、传统数据仓库不适应应用需求

传统数据仓库已然无法适应时代应用需求，难以满足医疗企业的业务发展要求，主要原因如下：

（一）数据移动成本太大

在进行数据分析时需要经过数据存储与管理的过程，这就需要对数据实施数次移动才能完成。首先运用工具收集数据，将其归集于数据仓库，然后利用数据模型进行数据的调动、组织，最后通过仓库取出数据并加以分析。当这些数据较小量时，其移动成本尚可接受；如果数据非常巨大，如海量健康医疗数据所形成的移动数据成本则是难以承受的。而部分医疗企业在数据成本方面还没有应用最新的数据仓库，整体数据移动成本太大，需要在未来进行调整，降低移动成本。

（二）对数据的响应力较差

传统模式下数据仓库主题很少出现变化，因此，医疗企业针对变动情况通常采用整体修改的办法，对整体流程各部分均实施修改，然后再次加载数据。这一过程需要对相关数据实施重算，由此浪费大量的人力、物力和时间成本。这种方法只适用分析主题很少变化、质量较为优质的数据。

（三）硬件设备支出较高

运用传统数据仓库方式进行数据分析时，必须以高性能硬件为前提，需要采用高端服务器。但在大数据时代条件下，数据规模急速膨胀，所需设备要更为优良，由此产生的成本急剧增加。如果采取大数据分布式存储计算方式，则需要集成度高、扩展性能优异的分布式存储计算机，其成本明显高于传统模式所用的硬件设备。

第四节　大数据在健康医疗领域的应用对策

一、完善数据资源

开展健康医疗大数据应用的一个重要前提是有足够的数据，且数据质量不能太差，否则过多低质量的数据将影响数据分析过程和结果。因此，数据资源保障是开展健康医疗大数据应用的重要基础。

健康医疗大数据资源目录是以元数据库、资源分类模型、资源编码模型等为基础，对分散于卫生健康相关机构中的数据进行整合与组织而形成在逻辑上集中、物理上分散、可统一管理和服务的，且规范的、系统性的目录，从而为信息资源使用者提供查询和共享服务，促进健康医疗大数据的开发利用。编制完善健康医疗大数据资源目录是推进健康医疗大数据应用的基础性工程，由于涉及众多医疗机构和大量信息系统，工作复杂，当前的研究成果仍有许多不完善之处，因此需要进一步编制完善健康医疗大数据资源目录，促进数据共享和使用，夯实健康医疗大数据分析利用的基础。

为保障开发健康医疗大数据应用时有充足的数据，可通过加强数据整合的方式来保障数据量。健康医疗领域的信息孤岛问题严重，对单个医疗卫生机构而言，数据分散于各个信息系统中；对整个行业而言，数据分散在各个医疗卫生机构中。为解决数据分散问题，近几年我国加快了对医院数据中心和全民健康信息平台的建设，在一定程度上解决了信息孤岛问题。但是对于大数据分析和应用而言，当前的整合程度还不能完全让健康医疗大数据的价值充分释放出来。因此，需进一步加强数据整合。

在数据质量方面，由于健康医疗大数据本身的复杂特性，加之各数据来源单位对数据质量的控制能力参差不齐，所以信息系统采集的数据质量不高，数据不完整、不准确、不一致等问题突出。为全面保障健康医疗大数据质量，需建立完善的数据质量保障体系：在机构层面，首先可从完善数据质量管理制度、优化数据质量管理流程、强化考核和奖惩机制等管理方面着手。其次，可完善与优化各信息系统的数据质量监控功能，通过元数据建设、术语建设、数据校验、数据质量监控指标建设、数据采集模板化技术、模糊匹配等方法，采用人工审查与软件审查相结合的方式提高健康医疗大数据质量。在国家层面，可通过制定完善相关数据元、元数据、数据集标准，数据采集标准以及数据质量评价标准等，并加强标准的应用实施来提高数据质量。最终在各方共同努力之下做到身份标识唯一、内容准确、术语规范、基本数据项一致，从而为健康医疗大数据应用提供高质量的数据支撑。

二、加大大数据技术的应用

健康医疗大数据在临床诊疗、公共卫生、行业治理、科学研究等领域具有重要价值，但是价值的释放需要分布式文件系统、MapReduce、大数据分析方法等大数据技术作为支撑。在技术保障方面，首先应积极跟进大数据存储、分布式处理、并行计算以及卷积神经网络、随机森林等关键技术的进展，关注大数据技术的发展动态。其次应加大资金和人力投入，探索大数据技术在健康医疗领域的创新应用，对目前局限性问题提出有针对性的改进建议，研究健康医疗大数据相关技术，从而为健康医疗大数据应用提供坚实的技术保障。

三、重视安全与隐私

健康医疗大数据不仅包括大量个人隐私信息，还涉及公众利益和国家安全。加之体量大、多样性和速度快等特征，以及云计算、分布式存储和计算等新兴技术的应用，给网络安全与隐私保护带来了诸多挑战与威胁，信息泄露、黑客攻击事件时有发生。因此，保障健康医疗大数据在采集、传输、存储、分析、可视化以及交易、共享、开放、销毁等环节的安全与隐私，保障健康医疗大数据系统和平台安全运行，是推进健康医疗大数据应用的重要基础。安全和隐私问题涉及面广，问题复杂，一般可从技术和管理两方面着手全面保障健康医疗大数据的安全和隐私。

在技术方面，用于健康医疗大数据安全和隐私保护的技术主要有访问控制、安全审计、APT 防范、数据隔离技术、数据脱敏与加密、去标识化、容灾备份以及数字水印和数据溯源技术等。其中访问控制是数据访问、流转、分析等过程中保障数据安全的重要机制，常用方法有身份认证、口令加密等。但是云计算等强大的计算能力使其易于破解，于是基于生物特征的访问控制，如指纹、虹膜等得到了越来越多的关注。APT 是高级持续性攻击（Advanced Persistent Threat）的简称，是一种针对大数据的新型安全攻击，能长期潜伏在信息系统中，造成巨大威胁。目前常使用沙箱方法、异常检测等方法防范APT 攻击。在数据加密领域，除了常见的 MDS、AES、RSA 等算法外，对同态加密、保留格式加密、可搜索加密等密码机制的研究越来越多，这些密码机制对大数据环境有较好的适应能力。此外，区块链和安全多方计算（Secure Multi-Party Computation，SMPC）也是近几年兴起的保障安全和隐私的技术。其中区块链去中心化、安全可信、集体维护、难以篡改的特点使其可用于跟踪和追溯健康医疗数据的使用和流通情况，从而支撑数据交易、共享和开放等服务。

在管理方面，可从管理机构、管理制度、人员管理等几方面着手，建立健康医疗大数据网络安全与隐私保护管理体系。首先应建立相应的安全与隐私管理机构，明确岗位设置和岗位职责。其次在传统信息安全管理制度的基础上，根据业务需求建立健全相关管理制度，如物理和环境安全管理制度、网络和通信安全管理制度、访问控制和操作安全管理制度、安全审计制度、安全事件管理制度、人员安全管理制度、数据安全管理制度等，夯实健康医疗大数据安全管理基础。针对人员管理，可从任前、任中、任终三阶段实施全周期管理。

四、完善政策与相关标准

完善的政策和标准可为我国健康医疗大数据应用提供良好的环境。自2016 年以来，国务院办公厅、国家卫生健康委等相关机构相继发布《关于促进和规范健康医疗大数据应用发展的指导意见》（国办发〔2016〕47 号）、《关于促进"互联网＋健康医疗"发展的意见》（国办发〔2018〕26 号）、《国家健康医疗大数据标准、安全和服务管理办法（试行）》（国卫规划发〔2018〕23号）等文件，使我国健康医疗大数据应用和发展的顶层设计逐渐完善。但在组织机构与管理、设施建设与准入、科学研究与创新、数据采集与共享、数据开放与保护、数据交易与监管、安全管理与评估、产业发展与规划、技术标准与规范、知识产权与利用、应用推广与试点以及资金与人才保障等方面的政策还需不断完善。

健康医疗大数据标准是对健康医疗领域相关的数据、工具、系统、技术以及管理等予以规范和指导，是促进健康医疗大数据有效利用的基础。我国健康医疗大数据标准主要由基础类、数据类、技术类、应用与服务类、安全与隐私类以及管理类等标准组成。国家卫生健康委统计信息中心于 2019 年发表的《我国卫生健康信息标准工作进展与展望》一文指出，我国已发布 224 项卫生信息行业标准和 33 项卫生健康团体标准，为我国健康医疗大数据应用奠定了坚实基础。但是仍需加强个人健康信息安全、数据共享与开放、大数据系统与平台等的标准研制。

此外，应加强政策和标准之间的衔接配套、相互协同，共同为我国健康医疗大数据应用营造良好的发展环境。

五、培养专业型人才

健康医疗大数据的复杂性和专业性决定了对健康医疗大数据进行开发和利用需要专业人才或者团队。然而，当前我国能够深刻理解和掌握大数据技术的人才缺乏，能够将大数据技术应用到健康医疗领域的人才更为缺乏。为了解决人才缺乏问题，可从以下两方面着手：其一，培养更多专业型人才。首先可依托现有的医学信息学、卫生信息管理等相关专业，调整医学课程和计算机课程的比例，适当增加大数据课程，培养学生的大数据思维、提高大数据和计算机技能；其次可依托社会力量针对卫生信息从业人员开展大数据应用技能培训。

其二，引进优秀人才。根据健康医疗大数据应用和发展需求，制定适宜的人才引进优惠政策，吸进大数据优秀人才。

六、建立特定领域专题数据库

建立特定领域专题数据库可以极大地促进对该领域的深入研究。例如，DDSM 数据库是由美国医学机构建立的乳腺 X 线图像数据库，共有 2000 多个病例，10000 万幅乳腺 X 线图像，国内外许多学者基于该数据库对乳腺癌的智能诊断进行了研究，促进了计算机辅助乳腺癌诊断的发展。此外，麻省理工学院建立的 MIT－BIH 心律失常数据库、美国国家癌症研究所发起收集的 LIDC－IDRI 肺结节数据库，以及 Pima 印第安人糖尿病数据集等专题数据库的建立对智能诊断的发展同样具有极大的促进作用。因此，可针对特定领域建立相应的专题数据库，以此促进我国健康医疗大数据的应用。建立专题数据库具有两个不同的切入点：其一，从单个健康医疗相关机构层面而言，可根据实际需求建立专题库，供机构自身使用。目前许多大型三甲医院和全民健康信息平台已建立高血压、糖尿病、某些恶性肿瘤和卫生资源专题库，对促进本机构的健康医疗大数据应用具有积极作用。其二，从整个健康医疗行业层面而言，为提高我国健康医疗大数据的应用水平，可由具有一定影响力和号召力的机构牵头建立公共专题库，开放给所有用户，此方法可激发对健康医疗大数据的应用。

七、推进数据资源共享开放

我国在健康医疗数据共享开放方面已取得一定进展：2017 年我国实现了省、市、县三级全民健康信息平台区域内联通；2019 年国家卫生健康委依托国家政务信息共享交换平台发布了死亡医学证明等六类数据接口，推动数据共享。但目前的共享开放程度还远不能满足健康医疗大数据应用对数据的需求，应进一步推动健康医疗数据资源的共享开放，畅通数据使用者的数据获取渠道。具体而言，可从以下几方面着手：一是在全民健康信息平台的基础上进一步拓展数据共享开放功能，建立统一的健康医疗大数据共享开放门户网站；二是在健康医疗大数据资源目录基础上按照安全可控、分类分级分域等原则，同时充分借鉴美国 HealthData. gov、data. gov，英国的 data. gov. uk 的经验编制健康医疗大数据共享目录、开放目录，为共享开放工作提供指导和参考依据；

三是制定完善相关法规政策，明确健康医疗数据的权属问题，建立共享开放的工作机制，鼓励与刺激数据开发利用。

八、探索院企、院校合作机制

当前，健康医疗大数据主要集中在医疗机构，如各类组织器官的影像数据、病理数据、心电数据等。虽然近几年医院加强了对临床数据中心（Clinical Data Repository，CDR）、运营数据中心（Operation Data Repository，ODR）甚至大数据中心的建设力度，但是由于信息化人才缺乏、大数据分析的专业能力不足等，医疗机构大量优质的医疗数据仍处于"沉睡"状态，并未得到充分开发和利用。而 IT 企业拥有成熟的大数据技术和实践，高校是核心大数据技术的重要掌握和创新者，因此可通过探索医院和企业、医院和高校的合作机制来促进对医疗大数据的分析和利用，解决医学问题。国内目前已有一些合作的例子，如 2018 年北京大学健康医疗大数据国家研究院与北京大学肿瘤医院等医院合作，中标国家重点专项"精准医疗临床决策支持系统研发"，重点研究肿瘤和心脑血管疾病的临床决策支持。

目前，健康医疗的各个领域、各个层次均提出了丰富多样的应用需求，应当根据实际发展需要和业务需求对应用需求进行研究，梳理健康医疗大数据整个生态系统脉络，并根据对居民/患者、医务工作者、管理人员、科研人员等相关人员的调研结果，以及对实际业务的考察结果，理论与实际相结合，提出适应当前发展且具一定先进性的应用需求，切实解决健康医疗领域关键的、迫切的问题。

第四章 大数据在金融领域的应用

金融行业一直是大数据应用的主要领域之一。金融行业涵盖了银行、保险、证券、信托等多个子领域，在这些领域，通过大数据分析，可以对客户的信用、偏好、风险等进行细致的分析，从而制定相应的服务策略，提高客户满意度。此外，大数据分析还可以帮助银行制定更加准确的贷款、信用卡等授信决策，减少贷款违约或信用卡透支率，从而降低银行的风险和成本。在保险行业中，大数据分析可以用于理赔审核、风险管理等方面，提高保险公司的风险承受能力和效率。

第一节 大数据金融概述

一、大数据金融的定义

随着大数据技术的迅猛发展，越来越多的金融企业开始使用大数据进行行业务创新。大数据金融是指通过整合结构化和非结构化数据，精确分析和深入挖掘客户的交易和消费信息，掌握客户的消费习惯，并准确预测客户行为，使互联网金融机构和金融服务平台在营销和风险控制方面更加具有目的性和有效性。

基于大数据的金融服务平台主要指拥有海量数据的电子商务企业开展的金融服务。大数据的关键是从大量数据中快速获取有用信息的能力，或者是从大数据资产中快速变现的能力，因此，大数据的信息处理往往以云计算、大数据分析、人工智能等为基础。目前，大数据服务平台的运营模式可以分为以阿里小额信贷为代表的平台模式和以京东、苏宁为代表的供应链金融模式。大数据金融模式广泛应用于电商平台，以对平台用户和供应商进行贷款融资，从中获得贷款利息以及流畅的供应链所带来的企业收益。随着大数据金融的完善，企业将更加注重用户个人的体验，进行个性化金融产品的设计。未来，大数据金融企业之间的竞争将存在于对数据的采集范围、数据真伪性的鉴别以及数据分析和个性化服务等方面。

二、大数据金融的特点

（一）金融网络化

在大数据金融时代，大量的金融产品和服务通过网络来展现，包括固定网络和移动网络。其中，移动网络将会逐渐成为大数据金融服务的一个主要通道。随着法律、监管政策的完善，以及大数据技术的不断发展，将会有更多、更丰富的金融产品和服务通过网络呈现。支付结算、众筹融资、资产管理、现金管理、产品销售、金融咨询等都将主要通过网络实现，金融实体店将大量减少，功能也将逐渐转变。

（二）数据客观

大数据金融通过大数据技术搜集客户交易信息、网络社区交流行为、资金流走向等数据，了解客户的消费习惯，从而针对不同的客户投放不同的营销和广告或分析客户的信用状况。由于大数据金融数据是根据客户自身行为而搜集的，因此，大数据金融针对客户制定的营销方案和偏好推荐也能做到精准化。大数据金融匹配度较高。

（三）交易成本低

大数据金融以云计算为技术基础。云计算是一种超大规模的分布式计算技术，通过预先设定的程序，大数据金融云计算可以搜寻、计算、分析客户的各类数据，并不需要人工参与。因此，大数据金融云计算技术降低了搜集数据、分析数据的成本，不仅整合碎片化的需求和供给，而且也使大数据金融交易成本大大降低，实现跨区域信息流动和交流，客户群体也随之增长。许多流程和动作都在线上发起和完成，有些动作是自动实现。在合适的时间、合适的地点，把合适的产品以合适的方式提供给合适的消费者。同时，强大的数据分析能力可以使金融业务更高效，交易成本也会大幅降低。

（四）数据及时有效

在大数据金融模式中，互联网企业通过设定各种风险指标，例如违约率、迟延交货率、售后投诉率等来搜集客户数据。大数据金融搜集的客户数据都是实时的，因为其信用评价也具有即时性，因而有利于数据需求方及时分析对方的信用状态，控制和防范交易风险。

（五）普惠金融

大数据金融的高效率性及扩展的服务边界，使金融服务的范围也大大扩展，金融服务也更接地气，例如极小金额的理财服务、存款服务、支付结算服务等普通老百姓都可享受到。甚至极小金额的融资服务也会普遍发展起来。传统金融想也不敢想的金融深化在大数据金融时代完全可实现。

（六）基于大数据的风险管理理念和工具

在大数据金融时代，风险管理理念和工具也将调整。例如，在风险管理理念上，财务分析（第一还款来源）、可抵押财产或其他保证（第二还款来源）重要性将有所降低。交易行为的真实性、信用的可信度通过数据的呈现方式将会更加重要，风险定价方式将会出现革命性变化。对客户的评价将是全方位、立体的，而不再是一个抽象的、模糊的客户构图。基于数据挖掘的客户识别和分类将成为风险管理的主要手段，动态、实时的监测而非事后的回顾式评价将成为风险管理的常态性内容。

三、大数据金融的运营模式

大数据金融目前分为平台金融和供应链金融两种模式。

（一）平台金融模式

平台金融模式是指掌握海量客户的互联网企业通过分析和挖掘其客户在该平台中的实时网上交易和支付信息所形成的大数据，通过云计算和数据模型分析而形成的网络信贷或基金等金融业务模式。平台金融模式的一个典范是阿里小贷，因为阿里小贷采用商户在阿里巴巴、淘宝和天猫平台中的交易数据、交流信息和客户购物特点等方面的大数据并进行实时分析和处理，以此构成了商户在上述电子商务平台中的信用数据，当确认其确实具有还款能力后，阿里小贷就会发放贷款，无须抵押，贷款发放快。

（二）供应链金融模式

供应链金融模式与平台金融模式的显著差异在于其是通过供应链上下游企业的信用捆绑，来降低企业的融资风险，缓解上下游企业融资困难的问题。供应链金融模式的最大特点是它改变了金融机构只针对单一中小企业进行主体信用评级，并根据该企业的信用状况进行授信的信贷方式，金融机构的信用评价主要关注企业所处供应链的整体状况，以及核心企业与中小企业的商业伙伴关系。2012年，中国银行北京市分行与京东商城签署了战略合作协议，由京东供应链金融服务平台为京东的商户或供应商提供应收账款融资服务。之后苏宁电器也成立了重庆苏宁小额贷款有限公司，其目的就是为处在苏宁供应链体系中的中小企业提供供应链金融服务。

第二节　大数据在金融领域的具体应用

大数据技术在金融领域的应用正在逐渐走向成熟，而网络正是大数据的主要来源，因此，将大数据技术应用于金融领域，将会促进金融领域的发展。

一、信贷风险管理

（一）客户营销

从20世纪六七十年代开始，欧美发达地区银行就已经采用了大数据分析的思维开展客户营销活动。典型的做法是银行先圈定一批大样本客户，以寄送邮件、电话营销等方式对客户进行普适性营销活动，同时采集首次营销活动后的客户响应数据，建立客户响应分析模型，寻找不同客户群体的响应规律，再对客户进行精准营销，大幅提升营销效果。在各类技术手段得到广泛应用的背景下，银行业基于大数据的客户营销模式层出不穷，主要可归结为以下两种类型。

第一类是基于大数据的交叉销售模式，其中又包括基于银行内部数据的交叉营销和基于银行外部数据的交叉营销。在基于银行内部数据的交叉销售领域，业界已经开发出了若干种成熟的金融产品。以建设银行、中信银行等开发的 POS 贷为例，其基本思路就是通过分析银行 POS 商户的交易流水数据，结合商户的其他基本信息、征信信息等，筛选出 POS 交易量高、稳定的商户，以预授信方式给其推送无抵押信用贷款。该模式和互联网金融领域的阿里小贷模式类似，阿里小贷也是基于网络商户交易数据发放小额无抵押信用贷款。其他类似的产品还有小企业网银循环贷、个人快贷等。基于银行外部数据的金融产品有建设银行的税易贷等，其基本思路是和税务局合作，根据企业纳税流水数据，筛选出纳税额高、稳定的企业，综合考虑征信等信息，为其发放信用贷款。目前，银行基于上述大数据的交叉销售模式仅仅是一个开始，考虑到银行在各业务线上沉淀的海量数据，上述思路很容易推广至其他的交叉销售领域。如在银行内部数据交叉分析领域，可以根据企业结算数据遴选客户进行预授信，通过对客户存款的大数据分析为客户提供理财类产品销售（或反之），基于理财类数据营销信贷类产品（或反之），信贷类产品之间开展相互交叉销售，根据客户资金活动的规律数据推送有针对性的企业理财产品等。在银行外部数据交叉分析领域，除了和税务局合作，还可以和海关、工商、专利局等外部机构合作，根据其提供的外部数据开展营销服务。

第二类是基于大数据的个性化推荐营销模式。如记录客户在网银等入口的选择习惯和产品购买习惯数据，分析客户产品偏好和风险偏好，将适合客户的产品/服务放在最容易被客户接触的入口，从而为其推送精准的、有针对性的产品/服务。除了记录客户的选择习惯，还可以根据客户与客户之间的产品偏好和风险偏好关联性，为其推送个性化产品。类似亚马逊公司的产品交叉推送服务（如买了 A 金融产品的用户中有多少还会买 B 产品，浏览了 A 金融产品的用户中有多少会购买 C 产品等），在银行营销推送上也有较大的应用空间。通过上述个性化营销推送方式，大数据提供了产品的精确指向/个性化推荐。

总的来说，目前银行基于大数据的交叉营销方式方兴未艾，未来还将衍生出若干新的做法。银行采用大数据方式开展交叉营销分析，可以以较低成本提升客户的产品覆盖率，增加客户黏性，延长客户的生命周期。

（二）客户准入

信贷客户准入环节的授信审批领域也是大数据在银行信贷业务中的核心应用之一。早在 20 世纪 50 年代，欧美银行业基于申请贷款客户的基本信息、产品信息、风险缓释信息等数据，开发出了针对零售信贷业务的评分卡和非零售业务的评级模型，对客户信用风险等级进行自动化定量化评定，并在信用等级和信用评分的基础上，将专家经验和自动评分、自动决策规则结合，实现了人工＋自动化决策结合的授信审批方式。在欧美银行业，部分零售业务的自动化审批决策率可以达到 90％以上，大幅提高了银行授信审批的效率，节约了宝贵的审批人资源，有效控制了银行风险。

　　随着银行数据采集范围的扩大和建模技术方法的更新，银行已经开始探索采用大数据方式，完善传统的客户评级评分模型，优化自动审批策略。与传统的评级评分模型相比，基于大数据的评级评分模型主要存在如下特点：一是数据维度更广，变量更为丰富。传统的评级评分模型通常有 10～20 个变量，主要包括客户基本信息、资产（AUM）、收入（工资发放信息）、产品、交易结构安排、风险缓释、征信（银行内部征信和外部征信）、交易流水等类型的信息。在大数据时代，除了上述价值密度较高的传统信息以外，可以增加价值密度相对较低但体量较大的数据，包括网络消费数据、网络浏览与偏好数据、用户偏好数据等。可以将大量变量（可达数百个乃至数千个）纳入模型中，模型区分能力更佳、更稳定。二是采用模型嵌套模型的技术架构。将稀疏的大数据信息先通过子模型加工成密集信息，即将子模型的输出信息作为母模型的输入变量，将信息逐层加工，形成模型嵌套模型的技术方案。子模型可以采用较新的技术如神经网络、随机森林、支持向量机等机器学习算法，母模型可以采用传统的、成熟的 Logistic 回归等技术方法，在模型应用框架不发生太大变化的情况下，实现更好的区分效果。三是采用候选模型动态调整机制，一旦部分子模型效果下降至某个最低阈值，则该模型会被剔除出子模型序列，替补模型会立刻增补进入子模型序列中。

　　上述大数据和新技术的使用，使得单一变量、单一模型效果的波动难以对模型整体效果造成实质性影响，从而实现了模型效果的相对稳定，模型预测效果也得到了提升。银行基于以上大数据信息生成的信用风险评级、评分，结合专家设定的业务规则，嵌入信贷业务流程系统中，共同形成了信贷业务自动化审批策略，可以更好地识别客户风险，极大地提升效率。大数据在授信审批环节的另一个应用是额度和价格（利率）的制定、调整。一般来说，在信贷业务的授信审批环节会同时确定信贷业务的额度和价格。在新客户首次准入时，可以根据大数据统计出的同类客户风险参数、各项成本参数、市场敏感性参数来设定授信额度。对存量客户，可以根据客户的风险特征变化情况、贷款支用情况、逾期情况等大数据计算客户行为评分，并计算影子额度，基于影子额度对现有额度进行实时调整。在采用大数据和自动评分机制框架下，银行对客户额度的调整时间可以从之前的数天缩短到数秒，极大地提升客户体验。与此类似，贷款定价也可以根据大数据方式来确定和调整。除了采用大样本统计风险参数以确定贷款价格以外，在利率市场化环境下，银行还可以为多类样本客户设定不同测试利率价格，计算不同客户群对利率定价敏感性系数以及竞争对手对测试利率的反应情况，从而确定最优贷款定价策略。

（三）贷后监控和预警应用

贷后管理是国内银行信贷业务流程中管理相对较为薄弱的环节，也是大数据能发挥良好作用的领域。传统上，国内银行贷后管理的普遍做法是由客户经理及所在支行分散式地负责收集客户贷后信息，管理效率较低。在贷后管理实践中，往往在企业经营形势已经出现了巨大变化且无法挽回以后，管理机构才能获知消息，造成银行在贷款处置中的被动局面。近年来，部分银行将大数据应用在贷后管理领域中，已经取得了良好的效果。大数据在银行客户贷后风险预警体系的应用主要包括单客户风险预警、客户群风险预警、风险传染预警等领域。在单客户贷后风险预警系统建设中，一种做法是在企业贷款支用环节，在客户支用贷款资金以后，银行可以采用大数据手段，采集企业资金流向数据，分析企业资金流向规律，对企业未按照约定支付、支付规律出现异常的情况进行预警。另外一种常见的做法是建设客户大数据信息监测库，动态抓取社交媒体、网站新闻、环保、工商、税务、海关、企业股票价格、企业 CDS 价格等涉及客户的外部信息，通过文本分析及内容挖掘技术，对涉及企业的关键词和负面新闻进行识别，将识别后的信息转换成标准分类，建立企业信息索引库，结合企业在银行内部的征信信息、交易流水信息、贷款逾期信息、资金往来异动信息等，部署企业信息预警规则，建立完整的企业预警信息系统。在此基础上，将其和银行信贷系统打通，把预警系统中按规则触发的信息发送给银行的有关责任主体，完善贷后预警体系。当然，以上预警体系的建设思路，适当修改部分数据来源和应用规则以后，还可以应用于银行本身的舆情监控与分析中。

大数据在客户群风险的监测和分析中典型的应用之一是担保圈风险监测。银行可以根据数万信贷客户之间互相担保关系的大数据，生成担保圈关系图谱，并建立担保圈风险监测体系。在担保圈中，可以找出担保圈中的关键风险人，一旦担保链中出现崩塌式违约，可以及时切断风险在担保链上的波浪式传导；在担保圈中，找出高危担保圈、良性担保圈，实现担保圈风险分类、监控和处置。除了担保圈分析，还可以采用上述思路，建立上下游供应链企业客户群、集团客户群、商圈客户群风险动态监测和预警机制。如采用大数据分析对个人住房贷款/个人汽车贷款开展集中违约监测，可有效识别假个贷、问题贷款，减少贷款损失。主要方法是根据贷款发放支行、合作楼盘、合作 4S 店等合作方信息，结合贷款金额、贷款发放时间、贷款还款时间、还款网点、还款渠道、还款金额、个贷集中违约时间等信息，提前识别假个贷和问题贷款的客户群。根据识别客户群的规律，在监测系统中设定假个贷、客户群违约监测规则，有针对性地设定楼盘准入和其他风险管理缓释措施。

大数据在贷后管理中的另外一项应用是风险传染（关联风险）的监测和预警。银行可以根据大数据分析，发现客户在银行不同敞口之间风险梯次传播规律，实现不同产品/敞口之间的风险预警，及时止损。如可以根据小企业主的法人代表和实际控制人的个人贷款风险特征（如信用卡提现、额度使用情况），监测小企业公司贷款的风险状况，还可以通过企业员工代发工资情况监测企业资金链变化和经营风险等。反过来，也可以根据企业贷款风险情况，分析企业主个人贷款（如个人经营性贷款、个人消费贷款、信用卡）风险状况的变化，及时调整有关风险敞口，减少风险在各贷款产品之间的相互传导。在零售领域，也可以根据信用卡风险特征变化监测个贷风险特征情况。

当然，采用大数据开展贷后管理和预警并不意味着其可以完全替代客户经理和支行在贷后管理中的作用，而是有效的补充。以大数据为基础的贷后监测工具需要融入整个贷后管理机制。构建一套人工监测和大数据监测相结合、分散监测和集中监测相辅相成、内部和外部信息共享和融合的机制，是银行实施有效贷后管理的关键。

（四）反欺诈领域应用

反欺诈是银行信贷风险管理领域的古老议题，也是大数据技术最能发挥作用的领域之一。无论是在传统的公司信贷、贸易融资、个人信贷、信用卡等传统信贷业务领域，还是在电子银行、银行电商平台、自助设备、POS 等新兴业务领域，大数据均能发挥作用。下面主要以大数据在传统信贷业务反欺诈的应用为讨论对象，聚焦零售信贷业务特别是信用卡业务领域的大数据反欺诈。

信贷业务领域的反欺诈主要集于在申请反欺诈和行为反欺诈。申请反欺诈主要包括客户真实身份识别（申请欺诈者以他人名义获得和使用信用卡）和申请资料填写不实（故意提供不实的申请信息，以获得信用卡或得到较高信用额度）。申请反欺诈领域可以采用大数据技术，通过对提取的多个信息来源的客户数据进行交叉比对分析，判定客户信息真实性。如采用中文模糊匹配技术，比对申请人填写的家庭地址、单位地址、公司名称、手机号码等中文信息与其历史信息的一致性，以及与外部征信数据的一致性，形成信息相似度概率或得分，结合判定规则判定其是否存在申请欺诈；也可以将客户手机号码、地址与历史申请数据库比对，分析是否存在重复申请、团体欺诈和中介申请等；还可以查询申请贷款的企业主或个人是否在银行欺诈黑名单中；通过与外部信息渠道合作，判断企业主/个人是否和银行现存欺诈黑名单存在密切关系（如亲属关系、频繁通信等），通过计算得出其与现存欺诈黑名单的关联度指数，并加以应用。行为反欺诈是在客户经过银行审批准入以后，银行需要在客户交易过程前、中、后识别欺诈行为的过程。比如根据客户常用登录地址、用户登录使用的设备、地理位置及交易金额（交易金额是否较高）、交易商户（是否经常为同一个交易商户）、交易频率（是否集中时段频繁交易）、交易商品（是否贵重商品）等信息，与客户行为历史数据比较，识别是否存在账户盗用。针对部分通过互联网渠道的交易，可以进行是否同一 IP 地址、设备 IMEI 序列号、设备 MAC 地址、Cookie 等信息分析，以判定是否存在虚假交易。

在传统公司信贷业务反欺诈中，大数据技术手段也能发挥作用。如对假财务报表的分析，可以在信贷业务流程中内置财务信息反欺诈模块，通过将客户经理提交的财务信息与财务报表内部模块勾稽的关系比对，和同行业、供应链上下游企业的财务信息交叉比对等，设定财务报表反欺诈触发规则。在个人信贷和公司信贷业务流程系统中，可以内嵌对企业负责人和历史企业/个人黑名单数据库比对模块，及时发现企业负责人是否存在信贷违约和反欺诈行为。将企业法人信息和上下游企业法人代表信息比对，发现是否存在关联交易欺诈等。

（五）贷款催收

在零售信贷业务催收环节，大数据主要应用于失联客户的关系重建。在学生贷款、个人汽车贷款的贷款催收领域，常见问题是客户失联问题。如学生毕业以后异地工作，如果贷款出现逾期，会出现找不到客户的现象。通过与外部机构合作，银行可以获取客户常用联系人信息、网络购物物流配送信息，协助重建客户联系渠道。

大数据在催收领域还可应用于催收策略和催收评分卡的构建。通过分析客户人口特征、逾期行为特征、额度使用情况、取现情况、催收行为和响应情况等大数据，设计各种差异化催收策略和催收评分卡，实现催收客群的风险等级分组，并根据分组结果决定客户的催收队列、处置方式和人工入催时间，如对低风险、自愈性高的客群不采取任何行动或延迟行动时间，最终实现将合适的催收工具手段和风险状况相匹配，从而降低催收成本，提高催收效率的目标。

（六）客户流失分析

银行的产品和服务推出一段时间以后，经常会面临产品使用不再增长、收入下降、客户出现休眠或流失等情况。通常，银行个人住房贷款中，有相当一部分客户的还款周期为 5～10 年，而个人住房贷款期限一般为 20～30 年。这导致银行提前回收的资金面临再投资风险，而提前还贷的优质客户也存在流失的风险。这种情况下，银行可根据客户基本信息、所从事工作的行业、工作单位、还款流水、还款方式、贷款市场利率调整等数据，准确定位可能提前还款的客户群体，找到引发客户提前还款的因素，设计减缓客户提前还款的策略，并为已经提前还款的客户提供其他金融产品的衔接服务，以提高客户在银行的产品覆盖度，增加客户黏性，延长客户在银行的生命周期。

除了提前还款分析，银行还可以基于大数据开展准睡眠户苏醒分析、长期不活动户苏醒分析等，其分析的思路框架与客户流失分析类似。

（七）其他信贷管理领域的应用

除了在上述信贷业务流程中的具体应用，银行还可以基于信贷业务大数据研发通用产品，为银行内部信贷管理、信贷政策制定等领域服务，甚至还可以为外部机构提供服务。如建设银行在其海量个人住房贷款信息中提取出全国房地产押品价格数据，设计出全国各地区的房地产价格指数，为本行数万亿元的房地产押品价值定期重估提供基准价格，大幅减少了人工重估的投入成本。此外，银行还可以根据贷款企业的平均财务指标、账户收支情况等大数据，设计行业风险指数、区域风险指数等，为内部信贷政策制定和调整以及审批入的贷款审批提供决策参考，并可根据客户在银行各类敞口的风险历史数据，设计银行内部的客户综合征信评分，完善银行自身的大数据征信体系。条件具备时，这类评分也可以为外部机构提供服务。银行在传统信贷业务中所积累的海量数据，还可以进一步衍生出多种多样的通用型产品，这些产品无论是在银行自身业务流程优化领域，还是未来进一步为外部机构提供通用性服务方面，都有较大的应用空间。

二、金融监管

（一）数据分析与风险监测

大数据技术能够处理海量的金融数据，并通过数据挖掘、机器学习等算法分析，帮助监管部门快速发现金融市场中的风险和异常情况。监管部门可以通过大数据分析，及时发现潜在的金融风险，采取相应的监管措施，确保金融市场的安全稳定。

（二）识别金融犯罪行为

大数据技术能够对金融交易数据进行深度分析，识别出可疑的交易行为，帮助监管部门打击金融犯罪。通过对大数据的挖掘，监管部门可以发现洗钱、欺诈等金融犯罪行为，提供有力的证据，加大执法力度。

（三）提高监管效能

大数据技术使得监管部门能够更加高效地进行监管工作。监管部门可以通过数据分析，精确了解金融市场的运行情况，及时调整监管政策与措施，提高监管效益。此外，大数据技术还可以辅助监管部门进行风险评估，帮助制定有效的监管预警机制。

三、量化投资

量化投资一般包括五个阶段，即挖掘盈利机会、进行投资决策、执行交易、预测预警投资风险、管理/控制风险等。下面就基于大数据的量化投资流程各阶段中的大数据情报分析进行讨论。

（一）挖掘盈利机会

在股市即使处于熊市的情况下，投资者也并非绝对没有盈利的机会。无论是在牛市还是在熊市中，关键是从哪里和怎么样去发现、发掘盈利机会。依靠人工去发现和发掘盈利机会，视阈有限（只能关注一个很小的范围）、精力有限（投资标的品种之多和个人精力相对有限之间构成难以克服的结构性矛盾）、经验有限（成功经验只限于一部分投资标的），因而难免捉襟见肘。然而，量化投资通过大数据的相关技术、渠道和科学处理方法，使个人及团队视阈、精力、经验的有限性不再成为不可逾越的障碍。在发现、发掘盈利机会方面，大数据情报分析的重点至少包含以下几个方面：一是通过对基本面的分析，把握国际国内政治、经济、文化等方面的大事件对金融市场产生的影响；二是分析特定产业/行业的发展走向和存在的盈利空间；三是分析诸多上市公司的财务报表及经营状况；四是分析特定上市公司的业绩和前景及相关重要节点；五是分析市场中博弈对手的情况以及资金流动的态势。以上分析均有赖于定性分析与量化分析的结合。在这一阶段，基于大数据的情报分析可以做的事情很多，且内容极为丰富。

（二）进行投资决策

上述几个方面的分析，也将贯穿投资决策的全程。投资决策必须就以下问题做出决断：买进/卖出哪个或哪些投资标的，买进/卖出特定投资标的的数量，买进/卖出特定投资标的的时间、价位等。关键性实时决策依据的大数据情报分析，可形成相应的预测预警或决策曲线；曲线上每一个时间节点对应的情况可得到实时反映，这既是前置大数据情报分析的输出和结果，同时也是后续大数据情报分析的输入和依据。

（三）执行交易

以股票/期货为投资对象的金融交易，在量化投资中的执行交易环节，主要是由计算机按事先开发的软件程序中的指令自动进行。在此环节的大数据情报分析应结合对交易的实时监测进行（对瞬息万变的市场中的异动及时分析并做出决策，且应在极短时间内完成）。应事先就做好充分准备（对基本面、特定标的近况深有了解，对其走势有所预判，对可能遭遇的风险有应对预案），辅之以高性能实时大数据情报分析，对价格、成交量、盘面（订单簿）等进行实时跟踪分析。

在上述过程中存在人工执行、自动执行、半自动执行等三种交易情况。在量化投资过程中，应有人工执行交易的一席之地：在慢速交易领域，可由计算机模型发现投资机会，由模型进行投资决策，但真正下单交易，可交由经验丰富的交易员执行。凭借经验、直觉、洞察和智慧，交易员或许能发现一种尽可能减少执行成本并有望增加盈利比率的最优执行方法。在高速交易领域，特别是西方的微秒级、纳秒级高速交易市场，须更多采用自动执行交易即"算法交易"（Algo-Trading）。但即使是这样，也仍需量化投资经理和分析师及团队成员在交易时不断进行实时监控，一旦发现异常，就及时果断地调整程序中的算法或关闭交易程序。在万不得已时应通过手动操盘对计算机程序进行必要的干预，以遏制大幅亏损。在很多场景中，也可采用人机结合的半自动执行交易的方法，即"计算机辅助交易"（Computer－Aided Trading）。在后两种交易中，大数据情报分析发挥功能的空间相对较大，也更易见出成效。

（四）预测预警投资风险

在情报分析中，风险预测预警是情报分析的一项重要功能。预测性情报问题通常包含诸多相互作用的影响变量，识别变量、明确变量间交互作用是分析研判的基础，因此情报分析过程中进行有效的变量管理是提高情报分析质量、为情报用户提供有力支持的重要路径。[①] 这一论述指明了对变量的优质管理是提高情报分析质量的实践路径。对变量的异常之变进行即时跟踪性的监测、分析，是风险情报分析的重要工作职责之一。量化投资中的风险预测，是依靠大数据、人工智能、金融工程、金融统计等技术进行的，是在概率、统计和算法的基础上进行的。因此，较之基于经验的、直觉的以及主观推断的传统投资方法所做出的预测更为科学，更能体现和把握情报预测预警的规律性。

对于金融投资交易风险的预测预警，其难度较之自然界风险预测和一般社会风险预测要大得多。预测预警社会风险与预测预警自然风险相比，因受人为因素影响，难度较大。而金融投资交易中的风险预测预警则尤为困难。上市公司和进入市场进行股票/期货交易的人员、机构的情况各异，具有相当的复杂性。投资者是人或是由人所形成的机构，都受到利益的驱动。每个人都有其独立的内心世界和复杂的心理活动（心理活动既有独立性，又很容易受他人感染和相互感染）。在特定情况下，投资者的群体性的心理活动和交易行为，会对量化投资的计算机程序加以抵制，从而对量化投资效果产生影响。在某些时候，投资者迟疑不决、互相观望，一有投资者出头，就会形成"羊群效应"，相互影响、相互感染。与量化投资相关的因素中，还包含舆情因素。舆情一旦成为风险，往往与金融风险形成共振，本质是人们通过情绪相互影响。目前，研究者还只能对人的外在行为进行建模，尚不能就人性、动机、心理和情绪建立较完备的模型。金融交易市场上暗含着各种力量的博弈，而金融市场瞬息万变。在量化投资过程中进行风险预测预警，需在做大数据情报分析时将数据以

① 陈烨、马晓娟、董庆安：《情报分析中的变量管理——基于结构化分析方法的思考》，《情报理论与实践》，2019年第1期，第16～17页。

外的上述因素一并予以考虑。

（五）管理/控制风险

将风险预测预警和风险管理控制都纳入量化投资的流程之中，这是因为只管投资交易而不管防范风险、控制风险的做法与量化投资的目标背道而驰，是极其危险的。因此，既要进行投资交易，又要管控投资风险，这样才能卓有成效地达到量化投资的目标，即获得超额收益和长期稳定盈利。

在管理/控制风险这一阶段中，大数据情报分析同样不可少。用于进行量化投资的计算机软件在程序设计中已包含规避风险的考虑，且得到算法和一系列技术的有力支撑。这为该阶段的大数据情报分析提供了有利条件。在此阶段，大数据情报分析应包括：第一，对风险管理/控制中干扰性因素的发现和分析。这项工作依靠已设定的交易软件中的程序无法全部覆盖，须由人工通过大数据情报分析去完成。况且，干扰性因素是动态变化的。对此，应在进行实时捕捉、监测的基础上及时挖掘、分析。如有必要，可对量化交易软件和程序做出调整，以加强风控和实现优化。第二，对风险管理/控制成功经验的分析。在金融交易市场上，有许多成功进行风险管理/控制的机构和个人，其经验值得分析借鉴，这是量化投资中一项重要的情报分析工作。第三，中外量化投资风险控制的比较分析。着重比较正面经验中的同异，以从中获得相应启示。完全的、绝对的自动量化投资和交易是很少的。量化投资经理和分析师的日常工作：一是要连续监控金融市场，预警和防控风险，尤其是要关注"灰犀牛事件"和"黑天鹅事件"（这是大数据情报分析的题中应有之义）；二是要不断改进和提升模型和算法，使之更好地防范风险（这也是大数据情报分析所要实现的目标）。量化投资中使用的，应当是以机器智能与人类智慧有机融合为特征的大数据金融情报分析。

四、精准营销

（一）个性化推荐

金融机构可以通过大数据分析客户的历史交易、行为和偏好等数据，制定个性化的产品和服务推荐策略。其背后需要大数据推荐系统的支持，通过对用户打标签加上推荐算法可以实现个性化推荐的效果。例如，根据客户的投资偏好和风险承受能力，为其推荐更适合的投资产品。

（二）客户细分

通过大数据分析客户的属性、行为和交易等数据，将客户分为不同的群体，并为不同群体制定不同的营销策略。例如，将客户分为高净值客户和普通客户，为两类客户提供不同的产品和服务。

（三）预测客户需求

通过大数据分析客户的历史行为和交易等数据，预测客户未来的需求和行为，并为其提供相应的产品/服务。例如，通过分析客户的交易记录，预测客户可能在未来需要贷款或信用卡服务，并提前为其推荐相应产品。

（四）营销活动优化

通过大数据分析营销活动的效果和客户反馈等数据，优化营销策略和活动，提高营销效果和客户满意度。例如，通过分析营销活动的效果，优化促销策略和渠道，提高客户参与度和购买转化率。

（五）风险控制

通过大数据分析客户的信用评分、历史欠款和违约等数据，评估客户的信用风险和违约概率，并制定相应的风险控制策略。例如，根据客户的信用评分和历史欠款情况，设置适当的授信额度和利率，减少违约风险。

第三节　大数据在金融领域的应用困境

一、信贷风险管理大数据应用现存问题

（一）贷前调查环节

一般而言，在银行贷款管理规定当中，要求双人进行检查，从而保证客户资料的准确性和检查的真实性。在管理规定当中，对待查的主要内容及框架进行说明，同时也要求资料的准确性以及真实性。针对贷前管理的相关要求，管理规定的要求比较全面，但这些只是一般性要求，并没有针对不同类型的客户

来制定不同的调查。此外，尽管贷前管理有很多要求，但是并没有考虑到实现这些要求所需要的时间、成本及效益之间的关系。同时这些要求对贷款管理也有一定局限性。

尽管银行对贷前管理有着很多要求，但是在实际操作过程中，依旧存在很多问题没能很好地解决。具体包括以下问题：

第一，没有关注实地调查。很多客户经理不够重视贷前管理。其一，客户经理很少去实地进行调查；其二，客户经理并没有按照规定进行双人调查；其三，即使有双人调查，也很难履行现场调查的相关要求，大多是到企业进行现场调查，但对于企业信贷决策的相关信息很难收集到。正是因为对贷前管理的不重视及不严肃导致在进行贷后管理时留下问题。

第二，信贷人员的专业能力相对较差。目前，大多数银行的一线客户经理有经验较少的人员，也有刚毕业的人员，这些人员对银行的信贷业务没有深刻了解，也没有相关的业务基础，因此没有办法很好地把握银行信贷风险。因为调查成本时存在很多限制，导致很多客户经理在进行调查的时候是通过财务报表来了解企业的具体情况。很多一线信贷人员同样也没有很强的专业基础知识，没有专业能力及业务能力来判断企业的财务报表真实性。

第三，银行的信贷管理人员没有较强的风险管理意识。近些年，随着市场经济的快速发展，人们对银行相关业务的需求也不断增加，但现实情况是银行员工有丰富信贷经验的人相对较少，再者银行员工对本银行所推行的相关政策及风险偏好没有足够了解，不利于信贷业务的开展。

第四，贷前调查受到个人的影响非常大。尽管大部分银行会要求进行双人检查，而在实际检查时，更多的是主调客户经理进行检查，辅调客户经理更多的是跟随，没有进行相关的实际调查工作。对每一个客户经理，一般银行都会有任务指标，因此很多辅调客户经理实际上很难全程与主调客户经理进行走访。

第五，银行在评估信贷客户时，主要根据企业的审计报告来审查。审计报告包含企业的财务报表以及经营账户日常开支，如新加坡的商业银行对信贷客户的授信通过分析信贷客户的审批报告来了解企业具体的风险。但我国大部分银行使用这个模型却没有显著性效果，这主要是因为有些中小企业在财务报表及经营账户上的真实性存在问题。所以，如果仅对信贷客户的经营状况及财务报表进行检查，很容易出现信贷决策问题。

（二）贷中审批环节

银行授信业务要求不得妨碍授信审查人员发表审查意见。

首先审查人员会审查客户经理报送的资料，具体从整体、真实性、规范性等方面展开。其次审查人员会根据相关规定对审查内容进行审查，如果其中出现逻辑缺陷或者明显的错误，需要客户经理在规定时间内进行补充或是重新调查。审查人员在完成审查后，需要撰写审查建议书，对报告当中所需要包含的要素进行核查及提出审查意见。

审议及审批环节，独立审批人会对授信项目中出现的风险进行揭示，进行审议之后，会对授信项目的风险以及收益进行评价和投票。最后各级分支行会在授权范围内进行业务审批。在进行信贷审批时需要遵守集体审议、分级审批的原则。

审查人员需要对送审的材料进行审查，具体需要从规范性、完整性及可行性等方面出发。如果审查人员只是从客户所提供的材料进行判断，不去亲自调查的话，并不能判断材料的真实性。同时审查人员个人所出现的风险偏好或是对风险的差异化可能会导致专家评审委员会的评审出现偏差，最终出现错误的决策。

（三）贷后管理环节

在授信业务实施当中，主要包含合同签订、出账前审核、授信资金支付控制。授信合同签订环节：

第一，客户经理需要对照审批批复落实放款条件。

第二，进行授信业务时，需要使用银行规定的文本，如果使用的是非统一格式的文本，需要经过总行的法律部门审核。

第三，授信合同签订时，需要遵守面签原则，银行印章专人保管、用印的原则。

第四，按照规定需要落实质押担保手续以及财产保险手续。

在完成出账前，需要进行审查，审查只能由出账前审核部门进行审核，授信经营部门不能够替代这部分工作。具体内容主要包括以下几点：

第一，授信出账需要满足授信批复的相关条件，也就是对条件落实完成后，才能够办理出账。

第二，审核部门需要对银行所规定的审核内容进行重点严格审查。

第三，审核完毕之后，审核人员需要出具审核意见，其中需要包含客户名称、是否有监管要求以及是否出账等。

之后是贷款资金支付控制环节，在出账前审批部门审批完成之后，会计结算部门会依靠相关通知书进行财务处理，并且将资金划转到借款人的相关账户上。

依照银行风险管理部门所要求的授信工作尽职调查相关细则要求，授信后管理经办人员需要定期监控及管理贷款资金的流向情况，根据银行的相关规定做好相关的贷后管理工作。具体来说，根据银行风险预计的规则进行有针对性的风险预警。根据风险分类的相关规定，在贷后管理上对授信业务进行分类，及时了解风险的具体情况。如果贷后管理人员在监控时发现风险，需要及时预警，之后根据具体业务及具体情况采取相关措施。授信管理部门需要及时指导其他部门进行贷后管理工作。对于具体的授信业务也需要及时进行相关检查，保证风险最小化。

贷后管理中的不足：

第一，在签署授信合同及放款前的审核环节，档案材料处理还不够完善。因为银行需要保证放款材料的及时性，即在放款当天会查看授信客户的法人或个人是否存在征信逾期情况、授信客户的法人或个人是否存在法院执行情况、是否有股东会或董事会的签字等。同时也要在当天拟好合同文本并签字，还要在系统发起放款的相关流程。在一天之内要完成如此大规模的工作量，会给很多的客户经理提出很大挑战。一般来说，在整个放款过程当中，纸质材料及电子材料容易出现信息不一致的问题。这时，客户经理为能够在规定的时间内完成任务，会进行手动更改或调整，从而保证放款的及时性，但这就给银行的信贷资金情况留下一定的隐患。或当出现不一致时，为了及时放款，采取后补客户资料的措施，最后导致信贷档案长时间不能归档。

第二，在信贷资金的支付环节，银行要求贸易背景具有真实性，这给信贷资金的安全产生很大影响。贸易背景的真实性，也就是要求信贷客户的贷款需要用作购买原材料等真实经营。这些原材料购买之后，经过企业的加工形成终端产品卖给客户，最终资金能够回到企业当中，从而能够偿还贷款。如果企业有真实的贸易背景，银行信贷资金的安全性就大大提高。但在实际信贷资金支付环节，一些银行更在意的是表面上是否合规，即根据客户所提供的出库单或交易合同来确认贸易背景是否真实。很多客户经理并不会花费大量的精力对客户所提供的交易合同进行核查。这就导致很多资金被信贷客户挪作他用，最终导致银行的信贷资金出现很大风险。

第三，客户经理不够重视贷后管理。客户经理在完成信贷资金放款之后，往往更加关注其他客户的信贷申请，对于已经完成投放的信贷客户通常只是做例行的贷后管理，并不会去重点关注信贷客户的经营情况。有部分客户经理甚至几个月都不会去企业进行实际考察。

第四，没有良好的贷后管理考核制度。银行针对客户经理贷后管理的规定，更多的是处罚性的规定，而不是奖励性的规定。这种考核制度导致客户经理更多只是形式上进行贷后管理，只要能够符合银行要求就可以，贷后管理流于形式，不能及时发现客户的关键风险或风险迹象。这主要是因为投入过多的精力进行贷后管理，与回报不成正比。客户经理就会认为还不如将这部分精力用于拓展新客户。

如果能充分利用大数据，以上问题能得到较大程度的解决。

二、金融监管大数据应用现存问题

信息技术以及信息共享为数据安全带来新的计算机网络安全风险，对于金融机构来说，常年处于网络共享当中，近年来数据泄露事件频繁发生，这就对金融机构提出了更高的数据安全管理要求。

（一）金融行业的数据资产管理应用水平仍待提高

由于大数据技术应用时间不长，金融机构融入大数据应用时限较短，原本存在的大量数据并没有得到完善处理，数据较为分散，加之传统的数据存储方式、分析方式的限制，导致大量金融机构数据缺失、重复、错误，难以满足当前大规模数据分析要求，数据需求响应表现也欠佳。

（二）金融大数据应用技术与业务探索仍需突破

传统的金融机构由于受地区经济发展差异的影响，数据处理和来源获取工具也存在明显差异。在大数据技术应用全面展开的今天，由于数据过于分散，改革优化也变得空前烦琐，需要进行大量的调研和试错，一定程度上降低了金融机构应用大数据技术的积极性。

（三）金融大数据的行业标准与安全规范仍待完善

当前金融大数据应用的技术标准和行业规范仍不完善，缺乏统一的数据共享和交换平台。金融数据关系到用户更多的个人信息隐私，对用户个人信息的保障应更加严格。随着大数据技术在金融领域的不断应用，单纯依靠金融机构自身的安全保障将难以做到全方位监管，从而带来更大泄露风险。

三、量化投资大数据应用现存问题

从理论上来说，每个量化投资者的决策行为可以被同化为理性预期、风险规避、严格效用基本一致的理想化模型。然而现实情况中，每个人的心理活动、出发点、知识水平等都存在差异，进行量化投资时人们做出的决策也存在差异。人的非理性行为与理性行为都是客观存在的，而且非理性行为对理性行为也存在着一定的影响，因此投资人并不能完全理性地做出投资决策。

综上所述，非理性行为的客观存在使投资人在进行投资决策时不能完全忽视个人的心理因素。既然个人的心理因素无法排除，那么在建立决策分析数学模型时，就应该把个人的心理因素考虑在内。当前我国量化投资有以下几个特点：

（一）数据陷阱

在大数据时代的量化投资对象方面，量化投资者可能会面临"数据陷阱"，大数据可能会使量化投资者有"不识庐山真面目，只缘身在此山中"的迷茫，除此之外"数据陷阱"还包括"尽信数据不如无数据"。拘泥于数据本身进行分析并据此做出决策，其结论有时经不起推敲，并会导致后续的投资行为缺乏科学依据。

（二）数据分析工具适用范围有限

时至今日，我国依然没有开发出能在所有场合实现有针对性应用的大数据分析软件，因为不同的投资者对信息的实际需求存在差异性，投资者所使用的分析软件也各不相同。有些投资者只需要采用电子表格便可以满足其需求，有些投资者则必须使用许多不同的大型软件与工具的组合方可解决问题。此外，大数据建模问题是数据分析的一项重要内容，依靠数据分析工具可以对各种数据进行整合，从而总结出其中蕴含的规律，采取适宜的数据模型进行分析，便可以得出准确的分析结果。大数据分析需要处理的数据规模极为庞大，分析当前的实际状况可以发现，过去使用的模型组合已经无法满足当前证券投资者对大数据分析的实际需求。

（三）市场操纵的风险隐患

目前在我国资本市场中，采取量化投资策略的多为机构投资者，而机构投资者资金雄厚，人才水平较高，一定程度上还可能导致市场波动。而在资本市场的成分中，还有不少散户，即中小投资者，他们通常没有雄厚的资金基础，没有专业的知识储备，也缺少大数据技术分析。这部分人群中，很小一部分会将量化投资策略运用于交易中。从这一点来看，量化投资策略存在市场操纵的风险隐患。

四、精准营销大数据应用现存问题

（一）没有打通数据孤岛，不能共享数据

商业银行由于多年来存在部门壁垒，独立经营，各业务单元间缺乏联动，加之目前尚未构建统一的数据系统，因此"数据孤岛"现象依然存在。集中度和整合度不够，一些数据化程度相对较低的部门仍然通过台账来管理业务，数据分析较为局限和片面。由此，使得经营部门信息单一、匮乏，关联性不强，有效信息极少，造成客户和业务情况信息不足，在构建数字模型上容易进入盲区，风险研判易产生负面影响，无法为客户提供高效优质的金融服务。

（二）没有差异化定位客户，营销不能一步到位

商业银行经过长期的经营运作，会形成无数个客户群，群与群之间难免存在差异性。另外，区域、行业等方面的不同，都会影响客户对服务和产品的区别选择，尤其是跨地区、跨行业的公司客户，需求的变化就会更快、更大。可见，商业银行更新迭代金融产品，以供客户自主选择，是与客户建立良好长久的合作关系、脚踏实地地做好优质服务的关键所在。然而，部分商业银行的金融产品单纯地追求自身的商业利益，并未从客户的切身利益去考虑。

（三）没有理解客户需求，不能创造客户需求

在商业银行的客户端，一部分刚被吸储进来的新客户，缺乏对金融知识的掌握，对金融产品一知半解，选择产品模棱两可，金融需求表达得不明确。商业银行创造客户的需求是非常重要的，要和客户的需求良好对接，先去创造需求，然后再去满足客户的需求，这是起码的营销需要。然而，一些商业银行由于不能以产品的优良品质出奇制胜，现有的产品对客户缺少吸引力，以客户为中心的服务还有待提高。

第四节 大数据在金融领域的应用对策

一、信贷业务风险管理方面

（一）信贷业务贷前的风险管理

银行信贷业务开展的基础就是贷前管理。只有在贷款前将客户的实际情况了解清楚，才能够有针对性地开展接下来的授信审查以及贷后管理工作。因此银行的风险管理主要依靠贷款调查来实现，但是传统的贷前调查成本效益性较低、时效性较差。因此，在贷前管理中引入大数据技术是有效解决上述问题的主要方式。

1. 大数据在财务信息不对称中的应用

想要解决银行与企业之间出现的财务信息不对称问题，采用大数据进行改善是一种不错的方式。具体来说，商业银行的系统需要与企业的财务系统进行连接，在连接完成之后商业银行就可以通过大数据来实时监控企业的财务情况。这种系统对接的方式不仅可实时了解企业情况，同时也可在系统中建立分析模型，通过模型分析来了解企业当前与未来可能的经营情况。

此外，商业银行可以通过大数据从内外部收集与信贷客户相关的信息。在银行内部，大数据可以及时抓取企业资金的变化、企业的余额及资金流的流向等内容。从外部视角来看，商业银行可以了解企业不断变化的财务信息，如企业纳税情况、缴纳水电费情况等。通过大数据，商业银行可以得到更加丰富及更加全面的信息。大数据对收集到的数据进行汇总、分析以及比对，将这些数据与企业的财务数据进行对比，如果其中有出现差异的地方，那就是需要让公司进行解释。这可以有效减少企业与商业银行之间所出现的财务信息不对称。

通过合理使用大数据，双方的信息不对称程度将大大降低。同时利用好大数据可以有效地缓解因调查人员的专业性不足，而无法辨别企业财务数据真实性的问题。除此之外，利用好大数据，调查人员就可以与企业进行沟通，极大地提升调查人员的工作效率，同时降低工作难度。

2. 大数据在非财务信息不对称中的应用

银行在对企业的非财务数据进行贷前调查分析时，一般采用实地调查、网络调查及材料查验等手段。这些调查需要花费大量的人力、物力。而通过大数据的应用，客户经理不用实地调查就能获取到数据。利用互联网通过企业的官网、贴吧、论坛及网络新闻等来收集数据并进行分析，可以较全面地了解到企业的多个方面。

加强与税收、水电气等公共事业部门的沟通合作，尽快实现数据直连，实时获取定量数据，进一步解决信息不对称的问题。同时通过大数据技术，创新金融产品。当前国家正着力扩大普惠金融覆盖面，鼓励金融机构创新服务方式，政府部门也积极响应，大力支持普惠金融服务。如建设银行与税务机关合作，利用税务系统推送的企业纳税数据，全国首家创新推出"税易贷"，得到了企业的高度认可。之后以纳税数据为授信基础的普惠性金融产品在各家银行中广泛推出。其他银行可借鉴建设银行等优秀同行的经验，以企业纳税数据、水电气缴纳数据为依托，在创新信贷产品的同时，通过监控上述数据的变化，防范信贷风险。

（二）信贷业务贷中的风险管理

1. 大数据在审查环节的应用

利用大数据可以有效地解决审查信息不对称的问题。具体包括以下几个方面。一是利用好大数据，对影响银行内外部的国家政策进行汇总及整合，之后将其与信贷客户的信息进行整合，从而得到与企业相关的发展报告。审查人员在拿到大数据的相关报告之后，就可以清晰地了解企业可能出现的风险。二是利用大数据来分析不同信贷企业在国家政策以及经济环境变化下可能出现的情况。比如国家政策出台之后，是否会对信贷企业的日常运营造成影响，是否会对其发展造成影响。这种方式可以大大减少人工收集花费的时间以及精力，同时也可避免个人偏好所带来的信息错误。三是根据大数据来弥补审查人员专业性不足的问题。通过大数据可以更准确地获取企业的真实数据，而不需要审查人员根据自己的经验来判断数据的真实性以及可靠性。

2. 大数据在审批环节的应用

利用大数据可以减少在审批环节所出现的信息不对称问题。一是利用大数据可以给评委会的人展示企业可能出现的风险点，可以帮助评委及时地了解情况以及做出准确的判断；二是可以在开会前就把项目的相关情况给到各位评委，让评委有足够的时间思考；三是利用大数据分析当前国内外的政策，为评委提供更多的信息，以帮助其更充分地了解企业的实际情况，做出准确的判断。

（三）信贷业务贷后的风险管理

1. 大数据在财务数据监控中的应用

有的银行由于没有及时监控企业的财务数据，也没有对企业的财务数据进行有针对性的分析，导致无法及时地了解企业所面临的风险，最终导致银行的贷款风险进一步提高。通过大数据可以有效解决监控不及时、没有合理分析的问题。

一是利用大数据了解企业的资金流向、资金流水的主要变化情况来动态地分析企业的财务数据。通过分析，根据不同的企业设置不同的预警值，当企业数据超过了一定的预警值就会提醒。二是可以更快地获得企业的财务报表。银行将财务报表录入银行的系统之后，大数据可以将企业提供的报表与大数据的报表进行对比分析，从而得出两者的吻合度。如果吻合度过低，则需要对应的信贷客户给出对应的解释，这可以将风险暴露在最前端。三是利用大数据建立企业经营情况指标，从而能够知道企业财务数据的变化对银行来说是否有风险。如果存在风险，大数据可以及时地提醒，银行可以提前采取相关措施，将风险降到最小。

2. 大数据在非财务信息监控中的应用

通过大数据可以有效解决非财务数据的问题。具体包括以下几个方面：

一是通过大数据来监控企业的非财务数据。因为大数据可以 24 小时监控，因此其数据的及时性大大提高。二是在对相关信息进行搜索时，可以设计对应的敏感词。如果企业的相关信息中出现了这些敏感词，就代表企业的情况出现重大变化，这些敏感词包括被执行信息、民间融资信息以及投诉信息等。三是将企业的财务数据与非财务数据进行比对，从而保证财务数据的真实性以及合理性。

（四）信贷业务大数据风险管理保障

1. 建立大数据风险管理效果评价制度

构建银行对企业的信贷风险评估的分级制度，具体包括红色、黄色及蓝色三种颜色级别。

第一，信贷资产出现严重问题时，经过评估可能出现贷款风险的会被划分成红色级别。对于这部分客户，需要有资产回收以及信贷退出计划。银行需要采用多种方式来保证资金安全。在完成资金回收后，在企业没有解除风险之前，不允许再贷款给该企业。

第二，对于还款困难，资金缺口较大的，将其划分为黄色等级，并采取方案避免风险的进一步扩大。针对黄色级别客户，需要有回收贷款的计划。银行需要采用主动政策，尽可能减少之后与该企业的合作以及贷款金额。如果还需要进行贷款，需要有更加多样化的担保措施。

第三，对可能出现违约风险，但影响金额小并且风险小的，可以定义为蓝色等级客户。对这部分客户，银行客户经理需要重点跟进，了解企业的实际情况，在出现变化时采取更为有效的措施，以降低风险。

2. 树立大数据信贷风险管理的战略理念

银行应在全行上下树立大数据理念，结合本行的实际情况制定与整体业务发展战略相适应的大数据战略。为有效贯彻落实大数据发展战略，银行应建立配套机制，全方位提高数据搜集、挖掘、存储、清洗、分析、展现整个流程的数据处理能力。

首先，银行需要建立统一指导及共同协作的大数据工作制度。在该制度中，总行长需要作为大数据工作的负责人，来对大数据的具体方向进行把控，调动全行的资源，统筹协调解决大数据当中所出现的问题。数据管理部门需要拟定专门的管理制度，保证大数据应用需求的合理性以及建立相关的实施方针。各个业务部门需要提出本部门的大数据需求，与数据管理部门衔接。技术部门则需要提供实现大数据需求的相关技术能力。数据分析中心与数据管理部共同运作，给每一个业务部门提供大数据支持。在这种统一指导的工作制度下，银行上下一心共同努力，共同保证大数据工作制度的落实。一般来说，大数据核心的处理能力主要包括四种，分别是分析能力、技术能力、行动能力及数据能力。

其次，在运用大数据时，要把握好思维、流程、人才、工具和保障这五个重点。其中大数据思维是指银行全行都需要有用数据说话及多使用数据的思维方式。大数据流程是指工作流程需要从端到端打通，保证数据分析能够运用在全流程。大数据人才是指需要加快培养有着强专业性的数据挖掘以及数据分析人才，人才培养是大数据时代最为核心的一步。大数据工具是指多运用大数据的相关工具。大数据保障是指在财务、技术以及团队建设上需要有较强的支持，保证大数据工作的正常运行。

二、金融监管方面

金融监管部门应用大数据来重塑金融监管方式，既需要监管部门的顶层设计，也需要金融机构、大数据科技公司等各方的积极参与。

（一）重视大数据金融监管产业环境和人才培育

1. 加速培育良好的大数据金融监管产业环境

监管部门和政府层面应根据大数据金融监管产业发展趋势，为产业发展合理规划布局，并在政策方面为产业发展提供一个良好的环境。一是促进产学研深度融合，推动大数据金融监管创新发展，支持前沿技术创新，加快关键产品研发；二是加大财政资金对大数据金融监管的投入力度，设立大数据金融监管技术研发创新的财政专项资金，建立财政投入长效机制。

2. 高度重视大数据金融监管人才的培育

金融监管部门使用大数据进行金融监管必须建立在拥有专业人才的基础之上，因此，大数据金融监管更需要专业的人才和完善的人才培养机制。金融监管部门应有针对性地制订大数据人才培养规划，吸引、留住、培养懂技术、懂数据、懂业务的复合型大数据人才，组建大数据金融监管专业团队，为实现大数据在金融监管方面的应用做好人才储备。

（二）思维、标准、机制并重

1. 形成"用数据说话，让数据做主"数据驱动决策思维模式

传统的金融监管主要依赖于经验和直觉进行监管，缺乏数据驱动思维，监管过程粗放，难以实施有效的监督管理。在大数据时代，金融监管应做到凡事心中有"数"，形成用数据说话、用数据管理、用数据决策、用数据创新的数据驱动决策思维模式，尊重数据事实，让大数据发声，使数据手段成为提高金融监管工作效率的有力工具。

2. 推进金融大数据标准体系建设

金融监管部门应牵头开展金融大数据标准体系建设，完善数据治理机制，确保数据管理规范、使用安全、利用充分，为大数据金融监管平台建设保驾护航。金融大数据标准体系可分为基础标准、管理标准、技术标准、平台和工具标准、安全及隐私标准、行业应用标准等六大类。各类标准之间相互联系、相互约束、相互补充，共同构成完整的统一体。

3. 建立大数据开放与共享机制

大数据的开放与共享是大数据行业发展的趋势，也是大数据金融监管应用的关键环节。通过建立大数据开发与共享机制，打破体制机制障碍，促进金融监管部门、金融机构、大数据科技企业间的数据流通，推动数据开放共享，优化大数据金融监管的交叉融合。

（三）建立一个多方联网的大数据金融监管平台

1. 运用云计算技术构建分布式架构的大数据基础平台

大数据具有海量数据的特点，仅靠传统的技术手段已无法对大数据进行分析和处理，只有依托云计算平台，通过云存储系统来储存海量数据、高并发处理系统来处理海量请求、分布式计算平台来深入挖掘大数据。在云计算平台的IaaS（基础设施即服务）层提供底层计算资源、存储资源和网络资源，构建分布式集群计算环境，既提供快速的横向扩展能力，也提供智能化服务；PaaS（平台即服务）层提供大数据金融监管平台的基础服务和工具，包括数据质量控制、存取、加密、共享等一系列服务，以及固定报表开发工具、多维分析工

具、专题分析工具等一系列数据基础功能工具；SaaS（软件即服务）层基于PaaS 层的服务构建面向特定业务、部门、人员的大数据分析应用，如面向管理层的领导决策视图，以服务的形式提供给最终用户。

2. 建立可支撑多方接入的数据通信网络平台

稳定、可靠的数据通信网络平台是高效地进行数据采集和传输的重要保障。金融监管部门应建立一个跨系统、跨平台、跨数据结构的数据通信网络平台，实现监管内部部门、外部机构之间的互联互通，缩短数据的获取、处理及分析时间，提高发现问题、处理问题的速度，提升数据共享效率。

3. 制定数据接口规范以整合多方数据资源

大数据基础平台和网络平台建设完成后，即可将分散在各部门、外部机构的数据资源逐步整合至基础平台上，实现数据的整合与共享，构建统一的金融大数据视图，为数据综合利用奠定基础。一方面，要全面地梳理分散在各部门、各机构不同金融业务系统的数据资源，掌握各类业务数据之间的逻辑关系和层次结构，为数据整合做好准备；另一方面，制定统一的数据接口规范，通过数据清理、转换和标准化等手段，将各类业务系统的数据资源逐步整合至基础平台上。

4. 设计开发大数据应用场景

在掌握金融数据量化分析的基础上，结合金融监管业务需求，充分利用数据建模和挖掘技术，构建一整套科学合理的大数据金融监管模型，设计和开发相应的大数据应用场景。通过机器学习等技术从海量数据中分析和洞察经济、金融运行规律，为各监管部门提供差异化的数据分析服务，为数据共享、综合分析以及宏观决策做好支撑，利用大数据提升金融监管和宏观决策的精准性、时效性。

三、量化投资方面

（一）长线投资的量化投资策略

一般而言，风险越大收益越大，也就是说，风险与收益呈正相关关系，这是研究人员基于市场中大量金融数据统计分析得到的结果，它是已有文献的主流观点。然而，这个结果仅仅是实证分析的结果，还缺少可控实验和理论分析的研究。基于这样的考虑，有研究人员构建了实验室金融市场，开展了一系列可控实验。他们的研究得到了一个相反的统计结果：当金融市场是封闭且有效时，风险与收益呈负相关关系，进一步的理论分析也支持了这个实验发现。

基于上述发现，可以构建一个关于长线投资的量化投资策略，这个策略是指如何把鸡蛋放在同一个篮子里。我们应该选择回报率大的股票进行持续投资、长期持有，这是量化投资的一个良策。值得注意的是，这里的"回报率大"是指统计意义上的大回报率，因此在真正投资之前应该认真调研，这是必不可少的一个步骤。这一投资策略其实就是价值投资，但这一投资策略的效果之前并未通过实验和计算机模拟清晰地定量显示出来，而该研究第一次清晰地展示了这一投资策略的效果。

（二）短线操作的量化投资策略

正确认识市场的宏观性质和微观机制有助于利用金融市场造福人类。两百多年前，亚当·斯密分析了各种市场的数据后得出结论：市场中有只"看不见的手"起着调节作用，这只"看不见的手"使得市场在没有外界干预下也能够自动达到供求平衡。基于这样的考虑，有研究人员设计了实验室金融市场，开展了一系列可控实验，同时也进行了理论分析（基于多体计算机模拟），可控实验和理论分析均支持亚当·斯密的结论，如图 4-1 所示。

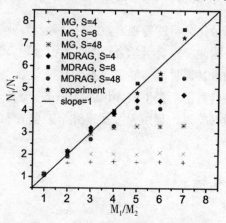

图 4-1 "看不见的手"实验结果

注：两处虚拟资源分别为 M_1 和 M_2，让被试选择进入这两处（人数分别为 N_1 和 N_2）并平分其中的资源。结果发现：N_1 和 N_2 几轮平均的结果等于 M_1/M_2。图中五角星表示实验结果，其余数据是计算机模拟结果。

新的量化投资策略是关于短线操作的，教人们应该如何把鸡蛋放在不同的篮子里。图 4-1 中的对角线告诉我们，当外在环境没有显著变化时，市场中存在一个均衡点，这个均衡点是"看不见的手"调节的必然结果。因此，如果人们从沪深 300 中随机选择 30 只股票，把它们按照日收益率的大小从高到低排序，结果会发现，在"看不见的手"的调节下，每只股票的平均排序在 10 到 20 之间。那么，排在最前几位和最末几位的股票存在明显的套利机会，这里也就有了一个用于短线操作的投资策略，就是把鸡蛋放在不同的篮子里以寻找套利机会。

四、精准营销方面

（一）了解基层行的实际需求并予以解决

大数据广泛应用于商业银行业务，开通了营销渠道，加强了客户系统维护和风险防控管理，拓展了市场服务，实现了金融业的高质量发展。同时，商业银行应尽可能地排除个别单元和部门员工对大数据存在的模糊认识，提升营销员工的认识水平和大数据的应用能力。上级主管部门应采取走访基层和召开座谈会等多种有效形式进行实地调研，加强与一线员工的沟通与交流，答疑解惑。这样既可以鼓励员工积极参与精准营销活动，也可以收集到基层员工对于大数据应用得好的做法、意见和建议，在商业银行上上下下营造出全员参与、人人献策的大数据精准营销模式。

（二）加强精准营销成功案例的分享与共享

商业银行内部的信息共享平台，应展示本行或兄弟行应用大数据实施精准营销的成功案例，交流分析、学习借鉴优秀成果和成功经验，增强员工用好大数据的能力、发展大数据、做好精准营销的必胜信念。在全辖区范围内定期组织召开各层面营销人员的交流会议，发动所属员工勇于拓宽大数据的应用范围，助推大数据在金融业务中的应用和发展。要千方百计地推进精准营销与精细管理，在借鉴成功的精准营销策略与方式的基础上，结合本行工作实际，制定业务发展所迫切需要的精准营销策略，进一步加强大数据在所有业务领域的全部流程应用，以提高精准营销的成功率。

（三）根据业务实际需求加强大数据模型创建

一是加强制约总、分、支行的联动创建。要切实深入地搞好大数据精准营销，必须要有大批量数据的支撑才能实现。而大数据的获得仅凭借某一单位往往不够全面，精确度也不高，应创建总、分、支行上下联动、整体贯通的大数据制约机制，发挥数据模型剔莠存良的作用。二是根据基层机构需求创建模型。以往上级行建模、下级行营销的模式虽好，但在使用过程中需要加强上下行之间的互动交流，即下级行要及时把使用情况反馈给上级行，上级行也要主动收集下级行的诉求，根据基层行实际需要调整模型参数，改进并同时开创新的数据模型，切实增强精准营销的针对性和实用性。

（四）建立健全大数据精准营销的闭环体系

精准营销的闭环体系是贯彻数据策略、产品策略、营销策略以及渠道策略的需要，是实现大数据接入、客户潜力挖掘、意向客户分析筛选和产品更新迭代的呼应。在闭环体系的建设中，要建立客户特征数据库，存储客户与产品的交易信息，详尽地掌握对客户的认知，把市场调研、迭代产品的满足需求列为重中之重。同时推进同类型产品和高相关度产品的精准营销，结合客户购买情况，通过大数据反馈结果以调整营销方式，排除不利因素，尽可能地对营销模式和产品做好调整，甚至更新迭代。

（五）切实强化对精准营销模式的数据安全保障

在大数据应用中，要严防数据及客户隐私外泄事件的发生。商业银行要引入科技安全保障体系，加强对客户隐私安全性的保护。一是掌握与规范大数据管理，建立既能防又能控的大数据人才团队，定期提供培训及安保指导，把提前预防大数据风险落到实处，有效地避免业务操作风险；二是做好量化考核工作，不断地优化和完善大数据的配套设施建设，强化、细化和常规化管理，加大监督考核的工作力度，严把项目审查和各项档案材料的细节关；三是加强合规教育与管理，培养员工树立大数据风险管控意识，在头脑中时刻绷紧日常业务合规这根弦，把安全案件控制在"0"。

（六）完善大数据精准营销的机制及组织形式

商业银行要紧紧围绕金融业务，实现数字化转型，就要推行既能满足客户需求又能带动自身发展的强效机制。一是闻风而动、有需必备、有错必纠的快速响应机制，二是以评督改、以评促管、以评兴行的目标评估机制，三是聚焦营销、执办到位、增能提效的项目落地机制，四是强化执行、一丝不苟、件件有回应的督办督查机制。除完善这些机制之外，商业银行要真正地发挥大数据在业务精准营销中的独特作用，还必须做好组织体系建设这篇大文章。首先，要建立数字化运营领导机构，担负起领导责任；其次，要全力完善营销组织，明确不同层级领导人的营销活动决策权限，有效执行营销活动计划方案；最后，要建立激励约束、竞争淘汰、强化的考评体系，严格考核不走过场，加强对大数据应用能力的全面提升。

第五章　大数据在智慧交通领域的应用

2016 年 8 月，我国交通运输部发布《关于推进交通运输行业数据资源开放共享的实施意见》，以推进交通行业的数据共享和应用。在此背景下，国内各地交通管理部门把利用大数据、云计算、物联网等新型信息技术达成交通路网的可视、可测、可控、可服务纳入了"十三五"期间的议程设置。与此同时，城市交通也已经出现出行需求、交通供给、环境等方面的问题，传统的交通管理模式已经不能够解决现在面临的问题。基于此，本章主要对智慧交通中大数据技术的研究和应用现状进行介绍。

第一节　智慧交通概述

一、智慧交通的定义

智慧交通的概念来源于智能交通，最早在 1960 年由美国智能交通协会提出。其认为智能交通系统（Intelligent Transportation System，ITS）是将先进的信息技术、数据通信传输技术、电子传感技术、控制技术及计算机技术等有效地集成并运用于交通系统，从而提高交通系统效率的综合性应用系统。近年来，互联网大数据以及机器学习等技术的快速发展也促使了智慧交通系统发展。未来，基于人工智能的车路协同、自动驾驶以及智能出行等将成为主要的发展方向。我国的智慧交通发展起步晚，但随着政策与技术等的支持，智慧交通快速发展。2019 年，《交通强国建设纲要》将智慧交通作为行业发展重点任务之一，中国智慧交通进入快速发展时期。2021 年，《关于科技创新驱动加快建设交通强度的意见》提出要加强新一代信息技术在交通领域的应用。将大数据和互联网等技术与交通行业深度融合，有利于实现交通强国。

不同于传统交通模式，智慧交通具有整合性、便捷性、智慧性、安全性、绿色性等特征。智慧交通包含交通领域的各个环节、方方面面,涵盖参与交通的所有人员、部门、业务、信息技术和设施设备,这些因素加在一起共同构成了智慧交通的体系框架内容。智慧交通将人、路、车、地等交通要素信息整合在同一维度之中,各个要素之间进行实时交互。方便市民的出行是发展智慧交通最主要的目标。智慧交通就是把人和交通信息关联到一起,为不同的出行者提供多方面、多维度的数据信息资料供其参考,并根据出行者的不同出行需求定制个性化的最佳出行方案,一方面便于出行者使用,另一方面方便交通管理者进行监管。出行者可实时获取各类交通方式的信息,减少不确定性因素。特别是在交通拥堵的时段通过智能系统规划出最合理的出行路线,使市民出行更加高效便捷。智慧交通的核心是运用新一代信息技术对数据进行采集、运算、分析和最终决策,用于解决交通领域存在的繁多复杂的交通问题,通过共享数据分析的结果,用智慧化思维加强预知判断,进而提升城市道路交通服务的效率。智慧交通的典型应用有预警和求助系统,当车辆在行驶中出现危险状态时,机动车内安装的预警系统可以及时提醒司机,方便驾驶员求助,从而减少交通事故,保障交通安全。科学智慧的出行方式能够减少环境污染。智慧交通的发展使城市道路规划更加合理,市民出行更加畅通,既可节省出行者在路上耗费的时间,又可在很大程度上减少污染物的排放,降低能源消耗,改善城市环境,有利于交通建设的健康、绿色、可持续性发展。

智慧交通是一种新型的城市可持续发展方式,利用包括大数据技术在内的新一代信息技术,优化整合交通数据资源,增进交通管理各部门有效协同联动合作,通过智慧化方式"共建、共享、共治",共同进行城市交通管理,达到城市交通发展智慧创新、公共服务水平提高、交通环境持续改善等目的,最终达到环境、经济和社会协调发展状态。

二、智慧交通的特征

相对于以往的交通管理模式,智慧交通的优点显而易见:节能减排、绿色环保、提高道路运行效率、减小道路运行压力、降低事故率、优化基础设施建设、更加安全和便捷,同时节省资源、优化部署配置、主动决策、防堵治堵。总体来说,智慧交通具有以下几点特征。

（一）全面性

智慧交通管理体系通过终端基础设施、传感设备对所辖区域各个点的交通运行状况进行 24 小时实时监测，通过对所有收集到的数据信息进行筛查、选择、分析，进而对所辖区域内所有涉及交通管理的问题进行全方位的了解、控制，最终通过自动筛查获取有价值的信息数据资源。

（二）整体性

智慧交通管理区别于以往的交通管理，不再是各自为政，而是深化协同作用，强调部门之间的合作，同时对相关部门的工作流程、工作结构层次进行重新梳理、优化，更加注重交通管理部门、交通系统及与之相关部门、系统的交叉融合，以达到交通供需平衡、协调。

（三）高效性

通过所有的传感运输设备及交通流量监测系统、智能接收终端，如高清卡口、电子警察等，采集海量交通问题的相关数据，通过 4G/5G 网络技术的应用，利用管控平台及大量数据分析设备、交通诱导系统，快速有效地分析数据信息，精准判断，同时及时反馈、传递、决策信息，及时发布、及时疏导、及时处理，减少堵塞，降低交通事故发生率，保证道路顺畅通行。

（四）智慧性

智慧交通是一项庞大的信息工程，它的智慧性体现在可以像人的大脑一样自我学习、自我消化吸收数据信息，并且通过功能强大的管控平台系统自我分析、自我决策，同时自主运算并感知交通同步运行状态，并快速完成、及时发布应对机制，最终进行自我调节与反馈功能。

（五）促进节能低碳绿色交通发展

将互联网大数据技术与交通行业深度结合，提高智慧化水平，可促进节能低碳绿色交通发展。将交通信息、运输工具以及基础设施互联网化，既可以提高交通运输资源的利用水平，也能够提高精细化管理水平，增强交通行业治理能力。对于城市交通拥堵问题，基于新技术手段构建城市交通拥堵模型，可有效解决问题。此外，对交通能源消耗和排放进行检测，能够打造低碳绿色交通，促进交通行业绿色发展。

三、智慧交通的治理模式

智慧交通治理涵盖面广，按治理的层次分类，可分为应用层、保障层、技术层和感知反馈层等，按治理的内容大体可分为空间治理、数据治理、服务治理和制度治理四类。空间治理主要包括城市功能规划统筹、大型基础设施建设、城市空间分配与利用等方面；数据治理是指利用好大数据的海量数据资源，在保障数据安全的前提下搭建适合交通治理应用的数据平台，提供高效便捷的交通数据信息服务；服务治理代表着从传统管理模式逐步转向强调更加尊重人的出行体验的治理方式；制度治理是指设计出在交通秩序管理、交通安全保障等领域适合城市发展的交通制度，形成从制度设计、制度执行到过程管控的全过程制度治理。在智慧交通治理应用实践中，通过政府、社会与市场的协同治理和高效整合，从多维度形成合力，构建出互联、互通、互利、互动的交通治理新模式。

第二节　大数据在智慧交通领域的具体应用

在大数据技术推动下，智慧交通迎来了新的发展，成为交通领域发展重要的方向。大数据在智慧交通领域的应用主要体现在以下几个方面。

一、交通拥堵治理

城市交通大数据是城市交通运行管理直接形成的数据、城市交通有关领域的数据（天气、人口、规划等）以及群众互动所提供的交通数据（主要为微信、微博、网络论坛、广播电台等渠道所形成的文字、图片、影像等）等综合构成的数据集。由此可见，城市交通大数据包含了交通行业内部以及其他相关行业的数据。城市交通大数据可运用于各种现有的交通系统平台，基于对大数据技术的灵活运用，可以使城市交通拥堵问题得以更为迅速便捷的处理，从而让道路的通行效率得到进一步的提升。

（一）大数据技术完善了交通诱导系统

传统交通诱导系统在交通运行实时监测和数据收集方面具有两项缺陷。一是因技术或存储等限制因素，采取随机抽样方式收集信数据，造成收集数据不完整；二是由于地域或部门等限制因素，无法涵盖城市的所有道路信息，造成收集的信息不全面。大数据技术的应用可以补足传统交通诱导系统的不足，能够实现对交通信息数据的系统化监测，从而使得交通诱导系统中采集的数据更为完善、更为精确。

（二）大数据技术提高了交通诱导系统的工作效率

1. 大数据技术为交通诱导系统提供技术支撑

利用大数据技术，可以做到对道路中行驶车辆数目、车型、运动方向、行驶速度等信息的全天候采集。采用大数据技术和相关分析理念，可以保障交通诱导系统内的有关数据收集、传送、分析、整合、计算与存储等工作可以更快速地开展，为交通数据的准确分析评估提供有效的技术支持。以此为基础，构建相应的交通模型，然后结合云计算技术对道路路网交通情况与拥挤状况进行分析评估，最后将评估情况及时通过交通诱导系统发布，同时采取相应策略，可以有效避免交通拥堵的加剧。

2. 大数据技术提高交通诱导服务的人性化程度

基于大数据技术的合理运用，既可以让出行者全方位、及时地了解车流量以及交通拥堵状况等一系列交通诱导的基础信息数据，也可以在不同出行时间段，根据不同出行人群的需求，为不同的出行人群提供精准的交通诱导服务。

二、交通监控

在智慧交通开发过程中，实施有效监控体现了智能化特点，能够有效缓解交通管理服务人员紧张的局面，同时可以降低交通出警成本。及时更新监控信息，能够为智能交通非结构化信息体系建设奠定基础。大数据技术在公路交通领域发挥了重要作用，在公路运行过程中，如果有行人、车辆等出现事故，通过智慧交通体系，救援人员、工作人员能够及时调取监控信息，对事故地点进行有效定位，落实现场施救工作。同时，由于私家车数量增多，超载、超速等交通违法行为不断增多，通过智慧交通监控体系，能够将这些交通违法行为拍摄记录下来，为相关部门处理提供便利。

智慧交通监控平台的核心应用涉及事件协同联动、视频监控分布共享、业务综合监控、应急指挥调度、资源集中管理、大数据分析应用等方面。

（一）事件协同联动

目前，运营路段在应对突发公共事件和非传统安全事件应急处置方面已经有了一定的基础，但是在具体应对突发事件的过程中，也暴露了交通监测监控盲区、应急反应不迅速、跨区域协调智慧能力不足、应急处置能力不强等问题。通过智慧交通监控平台可以汇集高速公路路段、路政、拯救、服务区、汽运、物流等各方的路况事件做交通综合研判分析和资源综合调度利用，实现多业务多板块的事件联动处理。对于各区监控中心、服务区、汽运站场和物流园区等，建立标准流程化的事件报送流程，实现对交通网安全运行状态的实时监测与预警，提升省级应急管理能力，推动交通管理部门与其他相关部门的应急指挥系统建立对口信息沟通渠道，促进公路交通应急体系形成。

（二）视频监控分布共享

视频监控管理可实现交通各业务板块、跨路段的视频管理和视频共享。基于流媒体技术，结合图像识别技术，制定各类视频接入标准，支持各业务板块的视频数据接入，自动识别异常事件，包含交通突发事件、交通拥堵情况、路面道路损害等，构建共享平台提供视频共享客户端，实现对海量监控视频数据的接入、转发、存储、管理、共享和回放，让各级高速公路营运管理者按需调取相关的视频资料。视频监控的管理有助于智慧公路路网运行监测、设施检测、预测预警、应急处置、指挥调度、信息服务和应急资源管理等业务领域的延伸，建立和完善高效集中、协调有力的交通安全监测与应急保障体系，建立全路网联动的快速应急反应系统，提高各类突发事件的应对处置能力，提升遇险救援水平。

（三）业务综合监控

智慧交通监控平台可以对全面的综合监控进行管理，通过交通鱼骨图和高德地图综合展示全路网运行状态、各业务板块的交通营运状态、各资源板块的资源和设备设施的运行状况等，以利于各业务相关工作人员直接掌握全市甚至全省的交通网运行状态和路网业务状态，进行集中化的监控管理和调度指挥。

（四）应急指挥调度

智慧交通监控平台支持跨行业、跨应用、跨部门的联动指挥，应包含突发事件预警、监测、应急指挥协调、事后处理评估等各项功能，实现对应急事件预警、发生、报送、联动指挥、事后处理评估、结束等的全封闭式集中处理。注重区域间、部门间的协调管理，通过体制与机制创新，提升路网管理的运行监测、组织协调、调度指挥能力，确保路网畅通，良好运行。

（五）资源集中管理

资源集中管理指在物联网和新一代互联网技术应用的基础上，对关键设备进行异常状况监测，及时对突发情况进行处理，实现全省公路内各类设施、各类设备的集中监控和管理，确保设施设备稳定高效运行。

（六）大数据分析应用

整合数据资源，并加强数据挖掘应用，打造交通监控大数据中心。对现有交通监控数据及流量数据的初步融合分析后，将提炼结果通过热力图、统计图等直观的图表进行展示。通过数据的图形化与可视化，为各行业部门提供数据研判分析工作，为公路日常营运管理及路网指挥调度等决策提供大数据分析支撑。

三、出行计划数据

出行计划即出行用户有计划的出行数据，包括用户出发时间、出行起点、出行终点、行驶路径、行程时间等数据信息。比如，用户在滴滴打车预约出租车、驾车前在导航软件上进行导航的推优路径等都可以作为出行计划数据。在基于定位信息与路径数据分享的未来交通规划系统框架下，出行用户会产生海量交通数据，通过对数据的有效整合利用，可以达到对未来交通拥堵状态的预测。

随着互联网技术的发展，汽车导航从原有的固定车载导航系统发展到自由式手机导航软件模式，而且随着手机导航软件的不断优化更新，手机导航成了人们出行不可缺少的工具，也使得原有的车辆数据信息封闭变为现在的数据交互。移动导航软件系统可以获得出行用户海量的出行计划数据（车辆的起终点位置、车辆的行驶路径等信息），通过对这些数据的挖掘，可以进行合理的交通控制，改善现有的交通状态。

（一）实现交通的高效服务

将大数据应用于智能交通出行可以有效提高人们出行的效率。大数据集成信息的快速性与实时性，可以帮助人们在出行时实时了解道路交通情况，帮助驾驶人员选择合理路线，避免拥堵。驾驶员还可以利用大数据技术下的手机导航等软件，规划不同的出行路线，根据自身实际情况，选择时间最少的路线或选择费用最少的路线。人们出行也可以通过手机实时查看公交车的行驶路径，减少等待时间，选择最佳出行方式，为出行提供便利。

（二）实现出行服务的智能化

大数据已逐渐成为群众交通出行的智能帮手，人们的出行越来越离不开大数据的帮助。人们每天上下班可以通过大数据查询到最快到达公司或家的交通方式；出租车或私家车司机可以通过语音导航，提前知晓前方路况，避免拥堵或违章；游客可以利用大数据查询火车或航班的动态信息，在到达旅游地后也可以利用电子地图快速去到目的地。因此，大数据已经在不知不觉中实现了人们出行服务的智能化。

（三）助力交通采集系统

近年来我国人们生活水平快速提高，汽车已经不再是奢侈品，现在道路上行驶的车辆大多为私家车，但私家车数量的增多，也给道路交通的运载能力以及人们的出行安全带来了较大隐患。而大数据在交通采集系统中的应用，便有效解决了此问题。在大数据技术的支持下，将交通采集系统合理地运用到交通管理工作中，可以有效减少城市交通的拥堵现象，提高道路交通的运载能力，同时得益于交通采集系统的高效性，还可以有效保障人们的出行安全。

（四）提高控制数据的真实性

大数据收集信息真实性的特点可以有效提高交通管理部门对交通趋势的预测和决策水平，避免交通事故的出现。要想提高控制数据的真实性就要以交通信息采集为出发点，通过提高数据采集设备的清晰度和灵敏度，确保采集数据的真实性和可靠性，提高交通管理部门决策的应用价值。

目前，一些大的导航软件公司比如高德、百度等掌握着海量用户的出行数据资源，我们可以将这些数据资源进行有效整合。在未来出行需要发布计划的前提下，可以通过有效的数据资源实现道路交通的合理预测，甚至能够使得道路透明化，使得用户能够选择合理的出行路径，提升工作效率，改善生活质量。

对于交通大数据的共享方面，尽管用户出行数据来源广泛、结构多样，但各个信息平台存在壁垒，目前还未形成有效的整合方式。国家和地方积极出台了相关的政策文件促进交通行业数据共享，这也是未来智慧交通的新要求。

目前大数据相关技术已经日趋成熟，市面上也涌现出很多互联网企业和创新应用，某些地方政府也开展了大数据相关研究工作。因此，开展大数据相关方向的发展规划势在必行，也是政府现代化治理工作的必然选择。北京市交通委 2019 年出台的《北京市交通出行数据开放管理办法（试行）》指出，面向全社会开放实时路况、公共停车场泊位信息、交通流预测等大量交通数据。交通委表示，出台该办法主要是为了强化城市交通治理中大数据的应用，促进交通和互联网行业的深度结合，从而引导出行，优化出行路线，为出行者提供高质量、高效率的精细化服务。在这些政策的支持下，每一个出行者都是智慧交通的建设者，城市出行能真正做到"我参与、我分享、共建智慧交通"。

第三节　大数据在智慧交通领域的应用困境

目前，大数据在智慧交通中的应用还存在一定的问题，影响到智慧交通建设，以下是对问题的分析。

一、交通拥堵治理方面

（一）治理机制不健全

20 世纪 70 年代左右，交通需求管理的概念被正式提出，其主要作用在于政府参与市场调节，通过交通政策等的导向作用，促进交通参与者交通选择行为的变更，以减少机动车出行量，减轻或消除交通拥堵，以此充分减少交通具体需求压力，减小不必要的资源占用。就目前而言，我国大多数地区交通拥堵治理由公安交通管理部门牵头，但地区整体交通政策的制定需结合地区规划、道路条件、公共交通等多方因素，由于公安交通管理部门更多承担着地区交通秩序管理稳定方面的职责，同时公安交通管理部门对交通拥堵点的硬件改造能力较弱，改造措施往往或受限于路权，或制约于管线，或影响于绿化等，实际操作中协调难度较大，难以产生配套治理交通拥堵措施形成组合拳。从总体层面来看，治理机制不够健全，使其相应对策不够完善。

（二）治理信息化水平不足

我国城市为解决城市交通拥堵问题，已着眼于智慧交通建设，例如，修建地铁、跨线桥、隧道等，以此创建立体式交通；积极引入智慧交通技术，促使交通与互联网融合，精细化交通管理等。但从目前城市的治理情况看，上述措施实施进度滞后于城市的发展，治理信息化水平不足，城市拥堵问题屡见不鲜。

（三）执法智能化水平较低

当前，交警执法主要凭借公安交通管理信息系统，其中涵盖了公安交通管理综合应用平台、公安交通集成指挥平台、公安交通管理大数据分析研判平台等多个子系统。虽然已建成的公安交通管理信息系统的应用实现了对工作效率的提高，但当需处理海量的信息数据时，依旧会存在处理效果不理想、功能不完善的情况，比如信息时效性具有误差、数据关联性和共享空间不足、数据整合性较差、系统监管功能较为薄弱等。

（四）交通发展与服务不协调

对于城市交通发展而言，交通基础设施的建设和服务是最为重要的两部分内容。其中，交通服务也是公共服务领域中的重要部分，更是与广大人民群众具有直接性关联。当前，许多城市在进行规划建设时，依旧存在着重视发展、轻视服务的观念，交通服务理念较为淡薄。一方面，法律法规层面不够完善；另一方面，交通建设者、交通管理者、交通服务者往往处于相对较为独立的状态，对协同体系的完善建立具有一定影响。因此，相应的功能体系不够全面，相互配合度较低。

二、交通监控方面

大数据时代，交通监控指挥管理已逐渐改革，但仍处于起步阶段。且大数据背景下的管理技术还未成熟，监控指挥还存在许多问题，主要表现在以下几个方面。

（一）信息资源采集技术有待进一步完善

交通监控指挥管理的主要内容是收集、处理、分析和保存大量的交通信息。目前，很多道路上都安装有监控摄像头来拍摄过往车辆，利用车牌自动识别系统来识别过路车辆信息。受到科学技术水平的限制，某些违章车辆的具体信息可能拍摄不到，导致交通监管机构收集到的信息不全面，存在遗漏现象，使违法车辆驾驶人逍遥法外。

（二）交通管理数据信息利用率较低

虽然国内很多城市已基本实现大数据监控指挥系统建设，且逐步向偏远地区发展，但监控指挥系统所采集到的数据仅仅进行了保存，并没有有效使用。也就是说，即便监控系统收集到信息，但没有对数据进行有效处理，经常出现疏漏，导致监控指挥系统利用率低，尤其在恶劣天气，监控指挥管理工作信息利用就更捉襟见肘。建立数据处理系统需要专业技术人才和高科技的分析处理技术。

（三）海量数据关联复杂化

现如今，无论是工业化的企业信息自动化管理系统，还是网络用户的日常运行操作都会产生海量的信息数据，同样在交通领域也面临着大量信息数据的收集处理工作，而这些信息数据还不包括视频、音频以及图像等数据流。这些海量信息数据的产生将会形成极为复杂的关系，甚至还会形成各种动态、无法确定的变化，促使数据处理储存变得更加困难，如果采用传统人工管理模式，将需要投入大量的人力、物力资源，造成大量社会资源的消耗。

（四）重要信息数据迁移问题

由于会受到各种类型信息服务终端的影响，不同类型的信息数据存储规模也会呈现出持续性增长的情况。在互联网计算技术、云计算技术、大数据技术快速发展的时代背景下，市场上无论是企事业单位还是个人用户，都会选择将重要的大量信息数据业务迁移到云计算平台等专业完善的数据中心去，以此来有效降低对本地硬件的投入和日常维护成本，同时还可以确保各项信息数据的安全可靠性。然而实际情况是，海量信息数据的迁移并不是一件容易的事情，需要以安全、可靠的专业技术方案作为核心支撑，倘若在数据迁移过程中出现安全问题，将会给企事业单位、个体用户造成严重的经济损失，不利于社会和谐健康地发展。

三、出行服务方面

（一）智慧交通应用能力不强

得益于智慧城市的建设，政府部门已收集了海量的数据，但由于之前的系统构架设计不适应大数据等问题，存在"数据多效果却不好"的问题。以城市摄像头采集的海量视频数据为例，目前能真正被监管者应用的并不多。受限于当前交通出行管理系统的设计，收集的数据并不能真正被使用在提高交通出行服务水平当中，数据之间并没有真正打通，数据处理效率不高是主要原因。数据在不同部门的数据库中，没有专门的人员来对数据依据部门业务进行优化整理，导致数据的可用性较差，无法让数据真正服务于交通出行。城市交通涉及的职能部门多，不同的行政单位各有职责和权限，如公共交通的出租车、公交车甚至轨道交通隶属于不同部门，无法进行协调调度和优化。

（二）公共交通供给能力不足

在交通供给能力方面，首先，城市道路的宽度有一定的局限性，很多宽度并不能满足现实的需求，机动车和非机动车并没有明确的道路规划，在空间上也存在交叉情况，这也是交通事故频发的主要原因之一。道路上并没有明确的划分机动车和非机动车的行驶区域，所以道路上经常会出现机动车上有大量自行车或者是电动车通过，而且机动车道之间还有行人穿梭，这也是一个极大的安全隐患。有些主干线虽然明确划分出了公交专用线，但是并没有科学规划，也就导致驾驶者不知道如何区分以及并道。还有些道路根本连公交专用线都没有规划，本该公交车运行的路段上又有其他汽车或者是行人的存在，这给公交车进站造成难度，拥堵问题也随之而来。

其次，出行方式的可选性少，缺乏道路整体规划。部分地方由于公交车辆线路设置不合理，在一些人流量比较少的路段等公交车需要花费大量时间，而且站点的设置间隔比较大，所以这一区域的市民在出行过程中就会有各种不方便的问题存在。

最后，车辆乱停放现象普遍，出租车招手即停的现象频频出现，这也严重威胁到了交通的安全，容易导致事故的发生。出租车专门停车位虽然也有指示牌标记，但是在现实中经常会有其他的物品遮住，市民很难发现这一标志，所以他们就随手拦车，而司机在行驶过程中速度较快，经常会有急刹车的情况，这也是导致交通事故的主要原因之一。

（三）智慧交通管理水平不足

智慧交通管理的主要目的在于遵循道路交通固有的客观规律，运用现代化的技术手段和科学的方法及措施，不断提高管理的效率和质量，达到延误更少、运行时间更短、通行能力更强、秩序更好和运行费用更低的目的。

1. 没有明确规划交通出行服务管理部门的职责

交通出行服务管理是一个系统性、综合性非常强的部门，涉及规划、建设、交管、城管等多个部门，在这一个平台中，这些部门需要共同协作完成工作。虽然在公共交通建设方面，各地相关部门也做出了一系列的规划和建设，发展也比较顺利，但部门内部的沟通机制缺乏，各部门的工作都是各自为政，并且是独立开来的，没有统一的战略和发展目标，而且工作上也存在重叠的情况，职责不明确，一旦出现问题，就会有"踢皮球"的现象，降低了办事的效率。

2. 公共交通跨行政区管理模式不符合智慧化发展需求

在城镇化发展的过程中，中心城区不断向周围区县扩展，居民们选择的居住地和工作地的距离越来越远。目前，很多公交车的路线已经跨了行政区域，但是区域之间的制度和组织又有一定的不同，此时公共交通管理体制就会无法统一。所以在乘坐交通工具时可以发现，在不同的地区票价和票制都是不一样的，而且运营的时间也不同，服务标准也有较大区别。

第四节 大数据在智慧交通领域的应用对策

一、完善大数据在智慧交通领域的管理

（一）智慧交通的大数据技术升级

在智慧交通系统建设应用过程中，应该注重大数据技术的升级应用，要求从数据采集、数据传输、数据储存管理等多个环节提升数据质量。智慧交通系统在升级过程中，可以通过硬件设备、软件技术升级，实现数据传输质量优化，确保智慧交通运行过程中各项技术都能够合理应用，提升智慧交通大数据应用效果。

相关专家在智慧交通研究过程中，开始应用智能数据采集设备，通过数据采集的智能化改造，提升数据采集效率。如在当前部分城市，开始应用智能交通网络摄像机。通过新设备的应用，提升交通运行的智能化采集，确保工作运行安全合理，也能够提升技术应用效果。

在进行大数据技术升级的同时，还要考虑以下几个方面的内容：

首先，推进数据标准化。交通系统涉及货运、客运、海事、航道、公路等多个方面，覆盖范围广，同时与公安、气象、水利等其他部门交叉也较深，为解决交通信息系统在使用过程中的数据标准不统一问题，应当由市级层面出台信息系统顶层设计，发布数据标准化措施，规范交通各系统平台甚至是全市所有信息平台的统一化布局。

其次，要保障数据真实度。对交通大数据的利用在于通过对其进行深入的挖掘分析，从而提炼出有效的信息进行总结、预测以及决策。只有在交通大数据真实度足够的情况下，数据分析的结论才是可靠的。使用错误数据得出的总结、预测以及决策不仅是无价值的，更有可能因此而造成经济损失与安全隐患。同时在对交通大数据进行分析时，应当加强数据之间的审核，通过技术手段及时发现并剔除失真数据，或将失真数据通过处理得到真实度可靠的数据。此外，通过加强人员管理，减少在交通信息系统数据采集过程中的人为干扰，也能降低交通数据因人为因素带来的数据失真风险。

最后，实现数据互联互通。交通作为城市建设的一部分，在数据共享和应

用方面，也应该以开放的姿态加入大数据建设中。交通部门应该全面梳理自身数据资源目录，以共享为常态、不共享为例外的原则，向市大数据管理机构提供已汇聚的数据资源，让全市充分享受到交通大数据所带来的便利和优惠。同时取长补短，通过融合其他部门数据，如公安交警电警数据、水务水文数据、气象天气预警数据等，进一步推进自有数据和其他数据融合应用，充分发挥大数据在交通行业数字化转型中的驱动作用，促进多源数据价值的实现。

另外，为了解决大数据传输质量问题，相关专家还对现代数据传输技术进行研究。当前社会已经进入了 5G 时代，在智慧交通大数据传输模块设计中，可以设计利用 5G 技术的超强数据传输功能，提升数据传输速度和效率，减少外界干扰对数据传输精度的干扰，继而提升数据传输效果。

（二）智慧交通中数据安全保护

智慧交通系统应用过程中，数据采集安全非常关键。交通管理本身就对交通运行的安全性有重要的影响。如果智能交通系统信息采集和数据传输受到了安全威胁，将会直接影响系统判断，最终也有可能导致交通事故。所以，在智慧交通系统应用过程中，需要做好数据安全防护，应用数据加密技术以及网络防御技术，消除网络威胁的干扰，从而实现数据安全管理。

第一，数据加密技术。在智慧交通系统安全管理过程中，可以利用数据加密技术进行数据安全防护。现代数据加密实施中，常见的数据加密方法包括对称加密方法以及非对称加密方法。对称加密方法在应用过程中，加密和解密往往使用相同的密钥；或者在知道了加密密钥后，就很容易推导出解密密钥。该算法的安全性在于双方都能妥善地保护密钥，因而这种算法也称为保密密钥算法。该算法的优点是加密速度快，但密钥分配与管理复杂。非对称加密方法密钥的加密和解密原理不同，加密算法更加复杂。在智慧交通系统构建过程中，可以根据加密需求，采用不同的加密技术，通过加密技术的合理应用，确保智慧交通加密应用更加合理，提升数据安全保护效果。

第二，智慧交通体系中的数据安全保护，还可以有效地使用网络防火墙技术。防火墙技术是传统网络安全技术，也是行之有效的网络安全技术。该技术是一项主动安全防御技术，在网络安全中应用，能够提升网络安全防御效果，抵御网络中的不安全信息。网络防火墙技术在应用过程中，也具有一定的网络病毒扫描功能，在信息进入网络系统之前，防火墙技术可以对网络病毒进行全盘扫描，扫描病毒进入路径，并且阻拦病毒进入计算机系统，从而起到网络病毒预防作用。

（三）加强交通领域机构改革力度

智慧交通发展中应该建立完善的电子政务中心，将各部门业务联合起来，形成一个统一的系统，设置专门的管理岗位，确定后续服务工作、交通事件处理责任人员等，对用户信访、咨询、投诉等进行持续跟进，以便能够提供更加人性化的管理服务，贯彻以人为本的管理原则。同时，需要构建一体化交通指挥中心，构建以大数据技术为基础的智慧交通平台，对交通进行统一指挥、管理，促进交通信息化管理发展。指挥中心能够对交通进行统一调度，借助大数据技术支持，构建交通联动机制，让大数据全面覆盖。进一步加强对交通数据的处理，逐步实现交通资源共享，避免交通机构合作不到位的问题，最终实现交通一体化管理。另外，还需要构建新媒体中心，始终坚持以人为本原则，发挥新媒体、传统媒体联合作用，积极开展交通安全教育宣传，实现微博、微信、抖音、快手、西瓜视频等多个平台融合，为用户提供在线答疑、查询、咨询留言等服务，增强用户体验，提高交通管理整体水平。

（四）进一步健全大数据配套保障机制

第一，在政策保障层面，国家相关部门必须根据交通管理制定相关政策，各地政府也可以根据区域交通情况，提升政策的针对性，对城市智慧交通发展中遇到的问题进行处理。同时需要加强对大数据技术开发的重视，通过政策引导创新，让社会各界都能够参与到城市智慧交通建设工作中，为智慧交通发展奠定坚实的基础。

第二，为智慧交通发展提供有效的资金保障。智慧交通作为基础设施建设中的一个新兴领域，为了保证大数据技术应用成效，必须有充足的资金作为保障。因此，需要持续加大对智慧交通的财政支持力度，同时通过多重渠道筹措资金，为大数据技术研发提供支持。当然，智慧交通运行、维护过程中，都需要有大量资金作为保障，除了保证现有交通系统正常运行外，需要预留充足资金满足智慧交通系统维护、升级需求。

第三，落实人才保障。大数据技术在智慧交通领域中的应用，需要大批复合型人才支持，城市交通管理部门需要注重大数据技术层面人才的引入，面向全社会招聘高技术人才，为智慧交通发展提供人才基础。

（五）加强智慧交通平台建设与创新

第一，交通管理部门在协作过程中，如果不能实现信息共享，容易产生信息孤岛，不利于智慧交通事业发展。因此，必须将交通管理部门之间沟通的壁垒打破，对智慧交通系统中数据进行全面处理。这些数据包括交通地理数据、交通运输数据、车辆数据、气象数据等。加速管理平台建设。各部门在进行数据采集过程中，必须严格按照相关规定执行，推行数据标准化，为智慧交通提供精准支持。

第二，做好数据研判工作，建立数据研判平台。根据大数据技术构建数据研判模型，对于采集到的相关数据进行全面分析，从海量关联信息当中提取有用的信息，推动智慧交通事业健康发展。

第三，利用大数据平台，实现政府管理部门与各单位之间有效联通及信息共享，形成数据共享机制，通过此类方式，能够发挥大数据技术优势，让数据更新速度更快，也有利于信息数据共享，满足交通管理各部门的工作需求。例如，通过建立数据信息共享机制，实现交管部门与银行、气象、教育、医疗、环保、市政等各部门之间的相互联系，使彼此之间的数据信息共享性更高，能够为交通管理部门提供数据支持，提升交通管理部门大数据分析能力、预警能力等。

（六）加强综合人才培养

交通大数据的应用缺乏综合性的专业团队，掌握数据的人不掌握需求，掌握需求的人不掌握技术，掌握技术的人又不掌握数据，要将数据、需求和技术三者有机结合起来，需要全面专业的团队来支撑。这就需要交通管理部门、科研院所、互联网企业等不同领域单位共同合作，通过培养和造就一批既懂大数据技术又懂交通业务的综合性人才，最终实现城市交通大数据产业的快速发展。

二、交通拥堵治理途径

（一）交通大数据预警预判

城市交通拥堵的出现具有时空性特点，其发生的主要原因在于行人、车辆、道路、环境之中的某个因素或者是多个因素的共同作用，为此，要想处理好交通拥堵问题，就必须从全局角度出发，详细、准确分析得出诱发拥堵的原因，重点从"预防"层面着手，利用先进的信息技术，进行智慧化预防。

在智慧城市背景下，可结合互联网、物联网、人工智能、通信技术等各种先进技术，采集行人、车辆、道路、环境等各方面的信息，然后整合传输至公安交通管理大数据分析研判平台。基于对相关数据的全天候监测、分析和评估，做到对道路通行情况的及时感知，及时分析计算出拥堵指数，可以预估道路交通通行的高峰时段，估测容易出现拥堵事故的时间与地点。通过对大数据技术的运用，可以对道路交通管理工作的思路、理念和方式进行创新，加强对大数据资料的采集、整理、分析与运用，并以此为基础进一步完善公安交通管理信息系统。由交通信息数据的形成方式可以得知，公安交通管理信息系统的运作基础即为数据的"输入—形成—输出"。基于大数据背景，对设施设备进行动态监测分析，结合传输技术的运用，以此构成庞大的原始数据信息库，然后以此为基础进行深入分析判断和评估，预测不同时段各条道路的实际交通需求。公安交通管理部门可以利用公安交通管理大数据分析研判平台全方位感知城市道路通行的具体状况、各条道路的车流量状况、实时天气与施工动态，并且对信息进行分析和评估，准确、迅速地预估拥堵发生的路段、时间节点，从而能够在关键时间段预先安排分配适当的路面警力前置到相应位置，提前疏导交通，避免交通拥堵从堵点逐渐恶化为线面的大型拥堵事故。转变传统的事后疏通方式，改为采取以事前预防为主、事后疏导为辅的交通管理模式，实现对道路交通的通畅性有针对性的预防、控制。

（二）升级改造交通集成指挥平台

要全方位提高交通管理科技化程度，就要对交通集成指挥平台进行智能化升级改造。可以在主城区的关键道路安装固定点交通流采集装置，实行对断面速率、流量、时间占有率等相关信息的全面、完整收集，同时凭借大数据技术结合现有的互联网、物联网技术，获取交通信息数据、路网视频资料、手机信令、互联网信息等，再对收集到的信息资料使用大数据技术处理，加以合理评估分析，以此判断可能突发拥堵的具体状况，从而为疏导交通、车辆分流奠定可靠基础。同时，合理、综合地运用智能化交通信号控制系统、公安交通管理综合应用平台、公安交通管理大数据分析研判平台等各种先进系统，对突发拥堵事故进行及时分析评测，并借助升级改造之后的智能交通集成指挥平台，对主城区关键道路和交叉口实行 24 小时的路面交通实时监测，动态掌握城区警力位置状况，做到就近调配，从而实现对警力的合理、最大效率的分配使用。

（三）构建大范围通信网络

基于智慧城市交通系统，对城市当前采取的交通拥堵治理策略展开分析，应当采用信息化技术，创建大范围的实时性通信网络，把市区中的全部关键道路信息、车辆信息归集到通信网络之中，并全天候实行道路状况信息的共享，从而让人们及时掌握交通道路的拥堵情况、有可能发生拥堵问题的动向趋势，以此针对拥堵问题采取有效的预防控制措施。应当安排交通管理部门与通信管理部门协同开展拥堵治理工作，通过二者详细地沟通交流，结合 5G 技术以及专用网络建设通信系统机制，让所有的车辆信息都汇集于通信系统内。对于工作模式层面，选择以市区为核心、往周边辐射无线信号的措施，使用移动通信设备接收信号。可以在交通压力比较大的地区创建二级、三级通信站点，并且还要建设多个信号加强站，从而保证信息传输的强度，让全部车辆可以及时获得信息数据。比如，某一条道路在上午 7 点 15 分左右发生拥堵，为此，就需要交通管理部门结合分布的监控系统掌握拥堵的时间段、通行车辆数量、道路信息数据，以此将各项相关信息汇总，编制成一条简讯信息，通信管理部门将其大面积传送出去；同时，要以 10 分钟为一个单位，及时、有效地对道路拥堵的动态情况加以更新汇报，以便其他车辆对拥堵路段进行规避，以此更快地实现对交通拥堵的疏导，也能很好地避免拥堵问题的进一步恶化。

（四）建设公共交通智能应用系统

要进一步提升公共交通服务质量，公共交通管理部门可以整合其指挥调度系统，包括公交车指挥调度系统、出租车指挥调度系统、网约车指挥调度系统、长途车指挥调度系统等，将上述指挥调度系统和停车场诱导管控系统相结合，创建公共交通智能化应用系统，从而实现公共交通智能化，以此提升交通管控服务质量，使得交通管理工作的效率显著提高。同时通过在公共交通智能化示范应用系统中结合互联网、物联网、云计算、大数据、移动通信等多项先进技术，对各方面交通信息及时采集、分析、整合，构成集智能化调度安排、自动化收费、信息服务、网络通信等多项功能于一体的公共交通智能应用系统，配合实现交通执法、稽查布控、分析预估等多项功能。

三、交通监控指挥改善与优化

（一）引入智能分析技术

交通监控指挥智能分析是通过图像处理、视觉技术和模式识别等技术，在监控指挥系统中引入监控数据智能分析功能，在大数据分析处理的基础上，有效提取有用信息，删除不可用信息，实现事前预警、事中处理、事后取证以及系统联动的全方位、全自动、全天候的实时监控。

（二）高清视频与网络传输

与传统视频监控相比，数字高清监控可以得到更为清晰的图片和画面，高清网络摄像机（IPC）等产品在交通监控指挥中应该得到普及。大数据时代交通监控指挥不仅要求高清化，也对交通信息网络传输体系提出了更为严格的要求。光速网络、4G/5G 网络、无线网络、宽带网络以及内网和外网多网络互补兼容模式可有效促进监控指挥系统向网络化和高清化的方向发展。

（三）实施全程监控

交通监控指挥系统在监督并制止违反交通规则方面发挥着至关重要的作用。要想全面实现交通全程监控模式，必须建设全方位的路况监控系统，设置功能完善的控制指挥中心，及时收集、整理和分析监控指挥所得到的数据，及时发现违章事件。此外，监控指挥中心还应该搭建完善的信息发布设备，在拥堵时间段内疏通和诱导车流，降低事故发生概率。

随着人们生活水平的不断提高，人均车辆占有率也逐年增加，特别是在周末或节假日，道路上车流量基本处于爆满状态。为缓解交通压力，降低交通事故发生概率，监测车辆行驶情况，交通交通监控指挥系统越来越普及。大数据背景下，现代信息管理和数据处理技术可以有效实现监控指挥数据的共享和联动，配合无线网络、智能设备以及高清视频等技术，交通安全管理工作会日益完善。

四、优化智慧交通出行

大数据技术优势鲜明，在智慧交通出行中大数据应用主要表现在以下五个方面。

（一）交通出行服务智能化

在交通出行服务智能化领域，基于大数据技术，可以提升整体的预测能力，综合评估和分析城市道路环境。目前，人们交通出行已经习惯了被动式引导服务，却很少切实分析和评估驾驶员个性化需求。基于此智慧出行应提供主动服务，如系统中考虑驾驶人员接受或拒绝乘客发送的订单需求，建立时效停车预约体系，合理安排驾驶人员的出行计划。通过此种方式，进一步加强人机交互，以提供更加智能化的交通出行和运输服务。

（二）实施交通服务规划

在交通出行中，一个典型问题就是交通出行路线规划。应充分发挥大数据技术优势，实现全区域信息资源整合与利用。大数据技术有实时性特点，可以实现交通路况信息实时监控，编制合理的规划路线，以此减少交通拥堵可能性。如驾驶人员使用大数据技术来划分主线路线和备选路线，使用导航软件来监控车辆行驶路径，进而合理规划和疏导拥堵交通，获得更加便捷、舒适的交通出行服务。滴滴出行在"互联网＋交通"发展背景下，通过大数据分析，了解哪个区域交通拥堵和用车需求最多，以此为依据进行路径规划、匹配时间和实际路线研究，进而实现订单高效匹配，为用户提供便捷、高效的出行服务。

（三）交通信息采集系统

基于大数据技术建立交通信息采集系统，可以顺应经济社会发展趋势，满足人们不断增长的个性化需求。目前，城市中的车辆以私家车为主，不同驾驶人员安全意识有所差异，给交通安全带来了不同层次的挑战。在城市交通管理工作中，交通信息采集系统的应用，有助于规划城市交通出行路线，减少交通拥堵情况。基于接口技术进行交通流量信息采集，联合物联网技术实现信息资源共建共享，反馈城市交通出行情况。在此基础上，依据交通信息采集系统提供的数据信息合理安排出行方式以及出行时间，尽可能规避交通拥堵。

（四）提升大数据信息真实度

如果系统采集数据精准度不高，会导致决策不符合实际情况，甚至诱发一系列连锁反应，引发安全事故。所以，要增加资金投入，选择高清晰度的数据信息采集设备，联合物联网技术实现交通出行监管控制，便于多设备资源整合，实现数据信息协同互补，提升交通数据信息质量。

（五）增加政策支持力度

智慧交通出行已经成为民生工作的重要内容，除了增加财政投入力度，还要增加政策支持力度，进一步加大智慧交通出行研究力度。积极拓宽融资渠道，在财政购买服务的基础上提升系统建设持续性。设立专门的科研基金，基于现代化技术手段，促使相关信息共建共享。

参考文献

[1] 安平平. 基于大数据背景的云南花卉物流系统升级研究 [J]. 质量与市场, 2021 (8): 136-138.

[2] 白富强. 计算机大数据可视化与可视分析存在的问题及方法 [J]. 电子技术与软件工程, 2022 (24): 224-228.

[3] 曹一梅. 大数据环境下的互联网金融风险管理分析 [J]. 科技经济市场, 2023 (2): 13-15.

[4] 操心慧, 操金金, 许丽娟, 等. 大数据可视化在城市规划中的应用 [J]. 现代计算机, 2022, 28 (16): 77-83+110.

[5] 蔡先华, 张远, 高书亭. 时空数据及其在智慧交通中应用 [J]. 现代测绘, 2022, 45 (4): 1-4.

[6] 陈少婷. 健康医疗大数据背景下我国医院档案管理研究 [J]. 兰台内外, 2022 (35): 10-12.

[7] 陈素芬. 大数据背景下电子商务物流服务模式的创新 [J]. 商场现代化, 2022 (10): 49-51.

[8] 陈宇斌. 健康医疗大数据课程诊断与改进的研究与实践 [J]. 中医药管理杂志, 2023, 31 (5): 29-31.

[9] 成领, 曾士珂. 大数据技术的最新发展及其在金融监管领域的应用 [J]. 产业科技创新, 2023, 5 (1): 75-77.

[10] 池葆春. 大数据分析下的智慧交通自动化运维系统设计 [J]. 自动化与仪器仪表, 2022 (3): 68-72.

[11] 崔萌博. 大数据背景下的智慧交通规划建设 [J]. 信息系统工程, 2023 (4): 4-6.

[12] 崔京浩, 刘文佳, 李泽纯. 大数据时代背景下的智慧交通规划建设分析 [J]. 运输经理世界, 2023 (1): 67-69.

[13] 丁宏飞. 探讨大数据时代背景下的智慧交通规划建设 [J]. 工程建设与设计, 2022 (15): 104-106.

[14] 董海芳. 基于大数据的智慧物流应用模式探讨 [J]. 中国物流与采购，2022（20）：72—73.

[15] 董婷. 大数据技术在现代农业发展中的应用 [J]. 农业经济问题，2023（3）：2.

[16] 杜朝晖，陈雪娇. 大数据技术发展对产业结构升级的影响机制研究 [J]. 中国物价，2023（2）：30—34.

[17] 段卫江. 金融大数据的风险预警系统设计与实现 [J]. 电子技术，2023，52（1）：268—269.

[18] 樊波. 基于大数据背景的金融统计策略初探 [J]. 老字号品牌营销，2023（4）：23—25.

[19] 傅琪，毛琛. 健康医疗大数据驱动下的流行病学研究：机遇与挑战 [J]. 中华疾病控制杂志，2023，27（2）：125—126＋237.

[20] 郭斌. 大数据技术在城市智慧交通中的应用研究——以兰州市为例 [J]. 科技经济市场，2023（2）：1—3.

[21] 郭志元. 大数据理念下经济金融管理体系的构建策略 [J]. 投资与创业，2023，34（6）：36—38.

[22] 韩旭. 健康医疗数据共享的法律规制研究 [D]. 杭州：浙江工商大学，2023.

[23] 韩景灵. 大数据背景下山西省智慧物流体系建设研究 [J]. 内蒙古煤炭经济，2021（21）：177—178.

[24] 韩俊. 大数据技术在智慧物流中的应用研究 [J]. 经济研究导刊，2020（36）：36—37.

[25] 黄博健. 大数据时代网络金融犯罪风险防控机制探究 [J]. 河北公安警察职业学院学报，2022，22（4）：42—44＋65.

[26] 黄寿孟，韩强，冯淑娟. 一种基于健康医疗大数据的智能治理系统 [J]. 现代信息科技，2023，7（1）：14—17＋22.

[27] 胡静. 金融领域中大数据技术的运用 [J]. 老字号品牌营销，2023（3）：86—88.

[28] 姜民旭，王玉鑫. 基于大数据技术的智慧农业建设及应用研究 [J]. 现代化农业，2022（4）：73—74.

[29] 姜明君，刘永悦，胡津瑞，等. 基于大数据技术的农产品冷链智慧物流信息平台构建 [J]. 国际公关，2020（11）：240—241＋380.

[30] 康缪建. 自然语义分析与机器学习在大数据安全中的应用 [J]. 电子技

术与软件工程，2022（18）：202—207.

[31] 雷永庆. 大数据技术在互联网金融风险监测领域的应用研究 [J]. 中小企业管理与科技，2023（9）：130—132.

[32] 李颖玲，陈焕新，陈璐瑶. 大数据在冷链物流领域的应用 [J]. 智慧轨道交通，2023，60（1）：1—5.

[33] 李成其，姜霄. 大数据技术在物流管理中的应用 [J]. 石油化工管理干部学院学报，2022，24（6）：42—46.

[34] 李江峰. 大数据技术在医院数据资源开发中的应用评价 [J]. 医学信息学杂志，2019，40（8）：32—36.

[35] 李沐芸，柴斌. 大数据背景下物流企业管理模式优化研究 [J]. 中小企业管理与科技，2022（11）：109—111.

[36] 李贯华. 计算机数据挖掘技术的开发问题研究 [J]. 电子测试，2022，36（18）：69—71.

[37] 李凤鸣. 基于大数据分析技术的数据安全与机器学习研究 [J]. 软件，2023，44（3）：131—133.

[38] 李泰增，程歆玥，李爱迪，等. 基于分布式架构的多源交通大数据可视化系统设计与实现 [J]. 城市建设理论研究（电子版），2023（10）：119—121.

[39] 李颖春，姜丹. 基于大数据技术的航天数据可视化系统设计 [J]. 科技创新与应用，2022，12（32）：6—10.

[40] 李林国，查君琪，赵超，等. 基于 Hadoop 平台的大数据可视化分析实现与应用 [J]. 西安文理学院学报（自然科学版），2022，25（3）：53—58.

[41] 李祥. 信息大数据助力智慧交通建设的有效措施探析 [J]. 黑龙江交通科技，2022，45（12）：199—201.

[42] 梁敏. 大数据技术在农业物联网中的实践应用 [J]. 企业科技与发展，2022（4）：79—81.

[43] 梁英杰. 大数据技术用于智慧物流中的策略 [J]. 大众标准化，2022（9）：31—33.

[44] 林涛. 大数据技术在物流管理中的运用——以某快递物流园为例 [J]. 中国物流与采购，2023（5）：89—90.

[45] 刘亚伟. 大数据技术在个性化医疗服务中的应用及平台设计 [D]. 大连：大连交通大学，2020.

［46］刘丽娜. 智慧交通中大数据应用面临的挑战与对策研究［J］. 智慧中国，2022（9）：78—79.

［47］卢光明. 健康医疗大数据的特点及未来发展［J］. 中国信息界，2022（5）：105—108.

［48］卢扬. 数据挖掘技术与物流系统的融合路径分析［J］. 现代商业，2022（23）：3—5.

［49］陆文红，刘剑. 基于大数据＋AI机器学习的反诈模型研究［J］. 邮电设计技术，2022（9）：59—64.

［50］罗彦虎. 大数据技术在农技推广中的应用［J］. 农业工程技术，2022，42（21）：31—32.

［51］罗雅情. 大数据环境下物流管理创新研究［J］. 中国储运，2021（7）：163—164.

［52］马安佳. 大数据可视化在综合立体交通网建设中的应用研究［J］. 办公自动化，2023，28（2）：59—61.

［53］毛黎霞. 大数据技术在智慧物流中的应用分析［J］. 物流工程与管理，2022，44（7）：51—53.

［54］齐常程. "互联网＋"的健康医疗大数据应用［J］. 电脑知识与技术，2020，16（6）：274＋276.

［55］秦盼盼，谢莉琴，雷行云，等. 基于联邦学习的区域健康医疗大数据中心建设探析［J］. 卫生软科学，2023，37（5）：73—78.

［56］邱凯. 基于Hadoop平台的大数据可视化分析实现与应用［J］. 电子技术与软件工程，2022（19）：184—187.

［57］任今方. 大数据技术在健康管理中的应用研究［J］. 开封教育学院学报，2018，38（12）：287—288.

［58］阮少东，闫法奇. 大数据可视化技术在智慧城市规划中的应用［J］. 城市建筑，2022，19（18）：52—55.

［59］邵凯敏. 大数据技术在医疗行业的应用浅谈［J］. 江西通信科技，2023（1）：39—41.

［60］石杉，郑伟，李晓鹏. 基于人工智能的大数据分析方法［J］. 数字技术与应用，2023，41（2）：110—112.

［61］石占涛. 农业大数据在现代农业经济发展中的应用刍议［J］. 中国管理信息化，2023，26（5）：81—84.

［62］师庆科，李楠，王觅也，等. 健康医疗大数据平台建设实施路径探索［J］.

中国数字医学，2023，18（1）：18—22.

[63] 孙亮. 计算机大数据技术在农业领域的应用研究 [J]. 农业经济问题，2022（9）：2.

[64] 陶水龙. 大数据特征的分析研究 [J]. 中国档案，2017（12）：58—59.

[65] 滕琴，陈一民. 基于 VR 的大数据可视化教学系统设计与实现 [J]. 计算机时代，2022（10）：130—135.

[66] 王淑平，梁颖. 大数据背景下医疗卫生行业数据应用研究 [J]. 自动化技术与应用，2020，39（1）：54—57.

[67] 王海军. 大数据在农业信息化中的应用机制与价值创造 [J]. 农业开发与装备，2023（1）：1—2.

[68] 王伟全. 大数据技术在农业机械化生产的优化运用 [J]. 农机使用与维修，2022（12）：24—26.

[69] 王楚楚. 简析面向大数据技术在智慧物流领域的应用 [J]. 农村经济与科技，2020，31（20）：74—75.

[70] 卫菊红，常润东. 机器学习在生态环境大数据中的应用 [J]. 现代工业经济和信息化，2022，12（11）：129—131.

[71] 魏彩霞，李文娟. 健康医疗大数据应用中患者隐私保护及对策研究 [J]. 网络安全技术与应用，2022（10）：64—67.

[72] 吴秀芸，王海江，梁寒冬. 互联网位置大数据空间可视化研究与应用 [J]. 地理空间信息，2022，20（11）：21—24.

[73] 辛晨，崔炳德，田志民. 基于大数据技术的医疗共享体系建设研究 [J]. 产业与科技论坛，2019，18（11）：52—53.

[74] 徐培培. 大数据与计算机软件技术的应用 [J]. 集成电路应用，2022，39（12）：170—171.

[75] 徐丽丽，刘海峰，高艳. 大数据技术在人工智能中的应用研究 [J]. 数字通信世界，2022（8）：129—131.

[76] 徐汇江，罗才喜. 基于大数据平台的交通数据可视化设计与实现 [J]. 软件，2022，43（8）：35—38.

[77] 徐肖晗. 基于大数据技术的农产品冷链智慧物流信息平台构建 [J]. 黑龙江粮食，2021（10）：123—124.

[78] 徐志英，刘兴波，都春，等. 大数据技术在农田规划设计中的应用研究 [J]. 智慧农业导刊，2022，2（4）：12—14.

[79] 薛振国. 大数据技术在现代农业发展中的应用 [J]. 现代农业科技，

2022 (7): 218-219+222.

[80] 姚冠新，宋晓月. 基于大数据的农产品冷链物流研究综述 [J]. 物流科技，2023，46 (7): 126-129.

[81] 闫新鹏. 大数据时代下互联网金融发展的机遇与风险应对 [J]. 老字号品牌营销，2022 (24): 82-84.

[82] 杨雅颂. 基于物联网与云计算的数据挖掘技术 [J]. 物联网技术，2022，12 (11): 128-130.

[83] 杨志华. 基于大数据的智慧物流应用模式分析 [J]. 物流工程与管理，2022，44 (1): 38-40.

[84] 杨清. 大数据在交通信息化中的应用研究 [J]. 黑龙江交通科技，2023，46 (4): 139-141.

[85] 殷明雪. 健康医疗大数据建设与隐私保护之冲突与协调 [J]. 医学与社会，2023，36 (2): 125-131.

[86] 叶贤炜. 大数据背景下金融产业发展的分析 [J]. 产业创新研究，2023 (8): 89-91.

[87] 于泓飞. 金融风险管理中大数据的运用 [J]. 老字号品牌营销，2023 (1): 81-83.

[88] 于超. 基于大数据的电子商务物流配送发展策略 [J]. 物流工程与管理，2022，44 (12): 63-65.

[89] 张玉坤，严予彤，杨旌. 智慧交通在大数据时代的发展方向 [J]. 专用汽车，2022 (5): 59-61.

[90] 张健飞. 互联网大数据技术在智慧交通发展中的应用策略分析 [J]. 工程建设与设计，2022 (8): 92-94.

[91] 张永宏. 基于5G车联网的智慧交通平台搭建 [J]. 通信与信息技术，2022 (S2): 28-31.

[92] 张颖，刘辉. 基于公安大数据平台的数据可视分析技术与应用 [J]. 现代计算机，2022，28 (17): 79-84.

[93] 张红. 农业大数据技术在农业生产中的应用 [J]. 世界热带农业信息，2022 (6): 77-78.

[94] 张创创，刘孝辉，吴正熙. 大数据技术在农业生产上的应用 [J]. 农业工程技术，2022，42 (15): 44-45.

[95] 张艳丽，杜亚楠. 大数据技术在健康产业推广应用PPP模式中的问题与对策 [J]. 河南牧业经济学院学报，2020，33 (4): 12-17.

［96］张帅. 基于大数据技术的智慧物流管理模式构建研究［J］. 企业科技与发展，2021（4）：105－106＋109.

［97］张茜，田乙慧，肖文，等. 大数据在农产品冷链物流中的应用［J］. 农业大数据学报，2022，4（1）：55－61.

［98］张建喜，赵培英，毕然. 基于大数据技术的农产品物流管理研究［J］. 农机化研究，2022，44（11）：216－220.

［99］张琴. 大数据背景下跨境电商物流发展现状与对策分析［J］. 中国管理信息化，2021，24（18）：82－83.

［100］张雁群. 大数据技术在金融审计中的应用——以工商银行为例［J］. 金融科技时代，2023，31（1）：52－55.

［101］张晓. 大数据对供应链物流管理发展影响［J］. 中国商论，2020（24）：47－48.

［102］翟运开，高亚丛，赵杰，等. 面向精准医疗服务的大数据处理架构探讨［J］. 中国医院管理，2021，41（5）：14－18＋31.

［103］赵茂楠，韩丰霞. 基于大数据的云南高原特色现代农产品物流发展对策分析［J］. 中国物流与采购，2021（4）：62－64.

［104］郑思聪. 大数据技术在金融统计中的应用分析［J］. 产业创新研究，2023（2）：7－9.

［105］周正. 互联网大数据技术在智慧交通发展中的应用策略研究［J］. 黑龙江交通科技，2023，46（1）：145－147.